红壤双季稻田施肥与可持续利用

高菊生　徐明岗　黄　晶等　著

科学出版社

北　京

内 容 简 介

本书系统总结了中国农业科学院红壤实验站水稻综合因子长期定位试验、阴离子长期定位试验的研究成果。主要内容有：施肥对土壤理化及生物学性状的影响，水稻生长及农艺性状对土壤肥力的响应，培肥地力与维持水稻高产稳产的施肥模式，提高水稻品质的肥料类型筛选，不同施肥类型引起的生态环境效应分析。本书为红壤地区农业可持续发展、稻田可持续利用培肥提供了科学依据。

本书可供作物栽培学、土壤学、植物营养学、生态学等专业的科技工作者和大专院校师生参考。

图书在版编目（CIP）数据

红壤双季稻田施肥与可持续利用/高菊生等著.—北京：科学出版社，2016.12

ISBN 978-7-03-051064-8

Ⅰ.①红… Ⅱ.①高… Ⅲ.①红壤–双季稻–施肥 Ⅳ.①S511.406

中国版本图书馆 CIP 数据核字(2016)第 296080 号

责任编辑：王海光 王 好 / 责任校对：李 影
责任印制：张 伟 / 封面设计：北京图阅盛世文化传媒有限公司

科 学 出 版 社 出版

北京东黄城根北街 16 号
邮政编码：100717
http://www.sciencep.com

北京京华虎彩印刷有限公司 印刷

科学出版社发行　各地新华书店经销

*

2016 年 12 月第 一 版　开本：B5 (720×1000)
2016 年 12 月第一次印刷　印张：9 3/4
字数：200 000

定价：**118.00 元**

(如有印装质量问题，我社负责调换)

《红壤双季稻田施肥与可持续利用》
著者名单

高菊生	徐明岗	黄 晶	刘立生	张会民	文石林
李冬初	王伯仁	邹长明	孙 楠	曾希柏	董春华
曹卫东	申华平	张晓霞	沈 浦	刘淑军	蔡泽江
张 璐	秦 琳	侯晓娟	郭永礼	黄明英	孟繁华

作 者 简 介

　　高菊生　男，汉族，中共党员，大学文化。1963 年 12 月生，湖南省祁阳县人，高级农艺师。中国耕作学会理事，湖南省土壤有机质提升补贴项目技术专家组成员，祁阳县第八届政协委员，祁阳县第十七届人大代表。主要从事水稻长期定位试验、红壤生土熟化过程长期定位试验、耕作制度、草山草坡改良研究、红壤退化恢复与重建等研究和农业技术推广。近 10 年来，主持了两项国家重大科研课题公益性行业（农业）科研专项"湘南桂北绿肥作物种质资源创新和应用技术研究及示范"（201103005-01-06）和"粮食主产区土壤肥力演变与培肥技术研究与示范"（201203030-07-05），参加国家高技术研究发展计划（863 计划）专题"红壤旱地肥力退化与复合调理技术"、国家科技支撑计划"中南贫瘠红壤与水稻土地力提升关键技术模式研究与示范"（2006BAD05B09）、"十二五"国家科技支撑计划"湖南中低产稻田有机质提升及淹育瘠薄稻田定向培育技术"（2012BAD05B05-6）等课题 10 项。曾先后在《土壤学报》《生态学报》《中国农业科学》《中国水稻科学》等国内核心刊物发表论文 116 篇，其中作为第一作者或通讯作者 48 篇。主编《刘更另与红壤地区农业发展》一部，参编《农田土壤培肥》等专著 6 部，获得国家级、省部级科技成果奖 16 项。获得国家发明专利 6 项。

前　言

"万物土中生，万物土中长"。土壤是生态系统的重要组成部分，土壤质量好坏对生态系统质量、人类生命健康与安全和整个社会的稳定与发展具有战略性意义。

土壤肥力是土壤最基本的本质特性。由于土壤具有肥力，才能不断地为作物提供生长所必须的各种土壤环境要素，保持农产品的产量与质量的稳定与提高，因此，提高和保持土壤肥力是农业可持续发展的重要基础。

长期定位试验可以定向培育土壤质量，在研究土壤肥力演化、施肥与环境的关系及土壤生物地球化学循环过程等方面有重要价值。土壤肥料长期定位试验既"长期"又"定位"。它具有时间的长期性和气候重复性，可以回答短期试验无法回答的问题。信息量丰富、准确可靠、解释能力强，能为农业发展提供决策依据，所以它具有常规实验不可比拟的优点。

利用长期定位，可对土壤中养分的平衡、作物对肥料的响应、施肥对土壤肥力的影响、轮作制度的建立等土壤和合理施肥问题进行长期、历史、定位的研究，并作出科学评价。美国和欧洲一些发达国家的四大农业支柱，即单一种植、化肥、机械和农药，其中前两项的实用性和可靠性即来自长期肥料试验的研究结果。

水稻是我国种植面积最大的粮食作物，其产量高低直接影响我国粮食安全和社会稳定。水稻土是我国耕地中面积最大的土类，总面积近 3000 万 hm^2，占我国耕地面积的 21.6%。南方双季稻区水稻种植面积为 1549.83 万 hm^2，产量为 9631.6 万 t，分别占全国水稻种植面积和产量的 51.6% 和 48%。红壤地区水田占耕地面积的 80% 以上，生产的粮食占 90%，在粮食生产中居重要地位。

本书是基于已故刘更另院士分别于 1975 年、1982 年布置的稻田长期定位试验为研究平台，以试验开始以来稻田施肥长期定位研究成果为基础，对多年研究成果的系统总结，系统论述了长期施用氯离子肥料和硫酸根肥料和长期有机无机肥配施对水稻产量及土壤肥力的影响。全书分四篇，共十五章。第一篇对红壤双季稻田施肥与利用现状、面临的生产问题等农业生产概况进行了介绍。第二篇系统总结了长期施用有机无机肥红壤双季稻田土壤肥力演变特征，其中第二章介绍了红壤双季稻田长期施用有机无机肥定位试验概况；第三章探讨了长期施用有机无机肥红壤双季稻田土壤有机碳演变规律；第四章、第五章和第六章分别讨论了长期施用有机无机肥红壤双季稻田土壤氮、磷、钾变化规律；第七章重点讨论长期施用有机无机肥红壤双季稻田生物多样性演变规律；第八章和第九章分别探讨了长期施用有机无机肥红壤双季稻水稻养分吸收及生长发育的变化和水稻产量变化特征及其驱动因素。第三篇系统总结了长期施用氯离子和硫酸根离子肥料红壤双季稻田土壤肥力演变规律，其中第十章介绍了红壤双季稻田氯离子和硫酸根肥料长期定位试验概况；第十一章重点讨论了长期施用氯离子和硫酸根肥料红壤双季稻田土壤有机质及氮、磷、钾养分演变规律；第十二章探讨了长期施用氯离子和硫酸根肥料红壤双季稻田土壤氯、硫养分等演变特征；第十三章探讨了长期施用氯离子和硫酸根肥料红壤双季稻田生物多样性演变规律；第十四章讨论了长期施用氯离子和硫酸根肥料红壤双季稻田水稻养分吸收利用及产量的变化。第四篇即第十五章总结提出了红壤双季稻田可持续利用的施肥技术模式。全书由高菊生、黄晶、刘立生和张会民等撰写和反复修改，最后由徐明岗统稿和定稿。

本书在编写过程中，得到了许多专家的指导和支持，在此表示衷心感谢！本书的出版还要感谢国家公益性行业（农业）科研专项（201103005、201203030）的大力支持！由于著者水平有限，加上时间仓促，不妥之处，敬请批评指正！

著　者

2016 年 6 月 18 日

目　　录

第四篇　双季稻田可持续利用施肥技术模式

第一篇　红壤双季稻田农业生产概况

第一章　红壤双季稻田农业生产现状及问题

第一节　红壤双季稻田施肥与利用现状

一、红壤双季稻田概述

水稻是我国种植面积最大、单产最高、总产最多的作物，1961～2013 年，中国水稻年均种植面积 3185.7 万 hm^2，占我国粮食作物年均种植面积的 35.0%；平均单产 4938 kg/hm^2；平均总产 1.56 亿 t，占我国粮食总产的 48.4%，在我国粮食生产中占有极其重要的地位。根据稻作制度的不同，我国水稻可分为单季稻和双季稻，其种植区域取决于种植区的农业气候资源。水稻属喜温好湿的短日照作物，影响水稻分布和分区的主要生态因子有：①热量资源，一般 ≥10℃积温 2000～4500℃的地方适于种单季稻，≥10℃积温 4500～7000℃的地方适于种双季稻，≥10℃积温 5300℃是双季稻的安全界限，≥10℃积温 7000℃以上的地方可以种三季稻；②水分，影响水稻布局，体现在"以水定稻"的原则；③日照时数，影响水稻品种分布和生产能力；④海拔的变化，通过气温变化影响水稻的分布；⑤良好的水稻土壤应具有较高的保水、保肥能力，还应具有一定的渗透性，酸碱度接近中性。因此，我国双季稻主要分为两大区域。第一，华南双季稻稻作区，位于南岭以南，我国最南部，包括南岭以南的广东、广西、福建、海南和台湾等五省区。本区属于热带和亚热带湿润区，水热资源丰富，生长期长，复种指数大，是我国以籼稻为主的双季稻产区。海南等低纬度地区有三季稻的栽培。本区水稻种植面积占全国水稻种植总面积的 17.6%。第二，长江流域双季稻区。包括南岭以北、秦岭-淮河以南的江苏、浙江、安徽、江西、湖北、湖南、重庆、四川、上海等省市和豫南、陕南等地区。本区地处亚热带，热量比较丰富，土壤肥沃，降水丰沛，河网湖泊密布，灌溉方便，历年来水稻种植面积和产量分别占全国水稻种植总面积和总产量的 2/3 左右，是我国最大的水稻产区。本区以长江三角洲、里下河平原、皖中平原、鄱阳湖平原、赣中丘陵、洞庭湖平原、湘中丘陵、江汉平原及成都平原等最为集中。长江以南地区大多种植双季稻，长江以北地区大多实行单季稻与其他农作物轮作。20 世纪 70 年代中期以来，我国双季稻种植面积占全国水稻种植总面积的比例持续下降，从当时的 71%下降到近年的 40%左右。2011 年南方双季稻区水稻种植面积为 1549.83 万 hm^2，产量为 9631.6 万 t，分别占全国水稻种植总面积和总产量的 51.6%和 48%。虽然近

30 年来全国双季稻的种植总面积总体呈现逐年减少的趋势，但海南、广西、江西、湖南红壤双季稻集中度指数上升，这说明红壤双季稻种植集中度高，在粮食作物生产中具有一定的比较优势。

二、红壤双季稻田施肥模式与利用现状

水稻是我国种植面积最大的粮食作物，其产量高低直接影响到我国粮食安全和社会稳定。长期以来，为提高水稻产量，人们一直将施肥作为水稻生产最重要的物化技术措施。红壤地区水稻田占耕地面积的 80%以上，在粮食生产中居重要地位。自 20 世纪 80 年代以来，由于各地重化肥、轻有机肥，有机肥用量逐年减少，致使肥料经济效益下降，土壤肥力恶变。以湖南省为例，1995~2003 年湖南省化肥投入 [氮（N）、磷（P）、钾（K）总养分投入量] 以平均每年 2.49 万 t 的速度递增。其中，纯 N 施用量以 0.91 万 t/a 的速度增长，主要以复合肥的形式增长，而单养分肥料总 N 量维持在较为稳定的水平。2003 年湖南省总养分施用量达 188.3 万 t，折合 415.8 kg/hm^2，纯 N 为 111.5 万 t，折合 215.5 kg N/hm^2。与全国各地化肥施用量比较，施用的化肥总养分已处于较高水平，高出全国平均水平 314.3 kg/hm^2（李家康等，2001）。据统计，湖南省主要类型土壤的有机质含量由 20 世纪 80 年代初的 31.7 g/kg 降到了 1992 年的 28.1 g/kg。土壤监测资料表明，长期施用化肥导致土壤板结、酸化、有机质下降，造成土壤养分不平衡、增产效果不明显、化肥效率下降，同时对环境产生严重污染，农产品品质下降。湖南省邵东县土肥站对双季稻田土壤肥力进行了监测，结果表明，1994~2004 年，土壤养分平衡遭到破坏，土壤有机质含量减少，土壤 pH 降低而土壤碱解氮、有效磷、速效钾等含量增加（湖南省土壤肥料学会，2006）。

我国传统农业十分重视有机肥的使用，有机肥具有促进作物增产、改善品质、提升土壤质量等作用，但存在肥效慢、养分含量低、施用量大、费劳力及增产效果差等缺点。而化学肥料虽然有增产快、养分高、用量少等优点，但由于人们过度施用，已造成粮食生产成本高、土壤质量退化、农业面源污染严重等问题。因此，如何合理施肥，提高作物产量，维持和提高土壤肥力，是人们长期以来关注的问题。有关长期不同施肥措施，尤其是长期有机肥和化肥配施对农作物产量、土壤肥力的影响，国内外学者已做了大量研究，研究表明，有机肥或有机无机肥配合的长期施用能够较好地维持和提高农作物产量及土壤肥力；硫（S）和氯（Cl）是植物必需的营养元素，在植物体内的生理功能极为重要。它们都以阴离子形态被作物所吸收利用（曾希柏和刘更另，2000）。Cl$^-$作为植物 16 种必需营养元素之一，直到 1954 年才被 T. C. Broyer 所确认（宁运旺等，2001）。长期以来，人们对含氯肥料（NH$_4$Cl 与 KCl）施用抱有疑惧。因为它不但对一些作物（如烟草、甜菜、果树等）产生明显的危害，而且大田作物缺氯的情况也很少发生。日本在湿

润地区连续 13 年施用氯化铵不仅肥效稳定，而且 52 个试验中有 46 种土壤无氯残留，另外 6 种土壤氯残留量也仅占当季施氯量的 4%～5%，美国和印度的很多含氯肥料试验也证实氯化铵的肥效等于或好于硫酸铵，氯在土壤中的残留可以忽略不计。硫是蛋白质和氨基酸的重要组成部分，在含硫氨基酸的合成过程中，硫和氮居于同等重要的位置，不仅如此，硫还是一些生物代谢物质的组成部分，在植物体内的新陈代谢中起着不可替代的作用，由于硫在生物体内的极端重要性，有人证明硫是排在氮、磷、钾之后的第四营养元素（刘更另等，1989）。在长期淹水的土壤中，含有大量硫化铁和其他硫化物，如果土壤氧化还原电位（Eh）值极低又缺铁，形成过多的 S^{2+}，则会对水稻根系产生毒害（陈铭，1991）。各国的经验表明，通过肥料的长期定位试验，可以揭示土壤-作物体系中养分的循环和平衡，寻求出维持和提高土壤肥力的最佳途径。只有通过长期定位试验，才能对连续施肥过程中土壤养分的消耗或累积情况及气象因子对肥效的影响规律进行研究，因此，长期定位试验是建立有效施肥系统的重要方法。

第二节 红壤双季稻田面临的生产问题

一、施肥与水稻产量

由于土壤资源有限和退化，粮食安全是 21 世纪面临的一个日益严峻的问题。对于我国等发展中国家而言，仍然要优先满足粮食需求。随着人口数量的增加，预计到 2030 年我国水稻产量需在现有的基础上增加 20%才能满足人们的需求（程式华和胡培松，2008）。因此，水稻生产对于解决粮食自给、保证广大农民的收益及确保我国粮食安全具有重要意义。一般认为，有三种方式可以提高水稻产量，即扩大耕地面积、提高复种指数和提高单产。然而，受耕地不断减少、土地流转的非粮化、林业对种植业冲击的影响，我国粮食种植规模总体趋于减小的局面难以扭转。复种指数整体上呈下降趋势，在一些经济发达地区下降趋势尤为严重。所以提高单产是增加水稻产量切实可行的途径。国内外的实践已经证明，在所有增产因子中只有施肥与粮食产量呈直线相关关系（曹志洪等，1998）。在我国，施肥对粮食增产的贡献率已达到 50%以上（沈善敏等，1998）。许多研究表明，化肥只有氮、磷、钾平衡施用，才能获得高产、稳产的效果，氮、磷、钾缺失不利于稻田生产力的提高。但随着化学肥料的长期施用及肥料用量的增加，水稻产量并不是呈持续增加趋势。Ladha 等（2003）分析了印度恒河平原和我国的稻-麦轮作长期定位施肥试验中化肥处理下作物产量的变化趋势，结果显示，有 85%的试验点水稻产量稳定，6%的试验点水稻产量则呈显著下降趋势。而化肥与有机肥配合可进一步提高产量。有机无机肥配合施用、化肥单施和有机肥单施，其早稻产量分别比对照提高 68.6%、68.1%和 60.0%，晚稻分别比对照提高 72.0%、69.6%和

34.2%（李菊梅等，2005）。

合理施肥虽然可以确保作物增产，但长期施用同一种肥料，水稻的生产力并不会始终保持持续增长的趋势，基于长期定位试验产量变化趋势的研究已经受到越来越多的关注。不同施肥措施对水稻产量的变化趋势影响不同。国内外很多长期定位施肥试验的研究结果表明，长期有机肥处理，水稻产量变化趋势是上升的，虽然施用化肥水稻产量在试验早期明显高于施用厩肥，但试验后期通常有机肥处理水稻产量会达到或超过化肥水平。多数试验点的有机无机肥配合施用水稻产量呈上升趋势，氮磷钾化肥平衡施用的试验点水稻产量平稳，不施肥或化肥偏施的试验点水稻产量多数呈显著下降趋势（Yadav et al.，2000；黄欠如等，2006）。水稻产量的变化受很多因素的影响。Sainio 等（2009）的研究表明，品种的改进和施肥等技术的提高是产量上升的主要原因。但同一作物品种的产量在不同施肥制度下也会表现出不同的年际波动。年度之间的生产力（生物量与籽粒产量）变异系数，表示的是年度之间产量变异程度和稳定状况，反映了农田生态系统对气候变化的适应能力。国内外对不同施肥方式下作物稳产性的报道很多，很多研究表明，在不同的施肥方式下，化肥配施有机肥作物产量变异最小，更有效地提高了产量的稳定性。磷肥对双季稻生产的稳定性有十分重要的作用，施磷肥是降低红壤稻田早稻产量波动、提高稳产性能最重要的条件（王凯荣等，2004）。由此可见，合理施肥是保证红壤地区双季稻高产和稳产的重要农田管理措施。

二、施肥与土壤地力

粮食生产的持续发展是人类生存的基础，而土壤地力的稳定和改善是粮食生产持续发展的关键。利用有机肥料培肥土壤是我国农业的特色之一，自 20 世纪80 年代以来，我国化肥施用量快速增加，而有机肥用量逐渐减少，施用化肥成为最主要的粮食增产措施。合理施肥，不仅能为作物生长创造养分储量丰富、有效性高、储供协调的土壤生态环境，而且能调节土壤酸碱性，改善土壤结构和理化性质，协调土壤水、肥、气、热诸因素，提高土壤肥力，从而增加作物产量和改善农产品质量；但不合理施肥不仅导致肥料利用率低，而且不利于作物稳产和土壤培肥。因此，如何合理施肥，提高作物产量，维持和提高土壤肥力，是人们长期以来关注的问题。有关长期不同施肥措施，特别是长期有机肥和化肥配施对农作物产量、土壤肥力的影响，国内外学者已做了大量研究。对长期施用有机肥及有机与化肥配施对土壤肥力影响的研究结果相对较一致，即能够较好地维持和提高农作物产量及土壤肥力。在灌溉稻田系统中，有机肥与化肥配施的土壤容重减小，有机质含量增加，导水性提高，土壤结构改善，微生物多样性提高（Munkholm et al.，2002；Haefele et al.，2004）。化肥与有机肥配施的土壤固碳潜力显著高于单施化肥处理，化肥与有机肥配施是提高稻田生产力和土壤质量、促进土壤固碳潜力和温室气体减排的双赢措施（潘根兴等，2006）。但长期单施化肥，尤其是不均衡施用，如化肥 N、P 和 K 单施或其中两者配施对肥力的影响仍然存在一定的矛盾和不确定性。例如，施用化肥对土壤有机质含量的影响结果各异，且不同施肥措施对土壤有机质的影响不同。有研究表明，在化肥施用过程中，与不施肥对照（CK）相比，化肥 N、P 和 K 三者（NPK）或两者（NP、NK、PK）配施，以及化肥 N、P 和 K（N、P、K）单独施用，均能提高土壤有机质含量（张爱君和张明普，2002；陈修斌和邹志荣，2005）。但也有研究表明，化肥 N、P 和 K 三者（NPK）或两者（NP、NK、PK）配施，以及化肥 N、P 和 K（N、P、K）单独施用，都可能会降低土壤有机质含量，且施肥处理有机质含量低于不施肥处理（詹其厚和陈杰，2006；张玉兰等，2008）。综上所述，长期施用无机肥、有机肥和有机无机肥配施等都对土壤肥力有较大影响，但研究结论不一。红壤性水稻土是在长期水耕熟化过程中，经过一系列物理、化学和生物作用发育而成的，是我国长江中游最典型的一种人为水耕土，由于其在粮食生产中的重要地位，相关研究长期受到重视。因此，本书以长江中游红壤地区的长期肥力定位试验为平台，研究长期不同施肥处理对红壤性水稻土土壤肥力的影响，为红壤双季稻田土壤培肥和可持续利用提供科学依据和理论参考。

三、施肥与自然环境

全球气候变化、农业面源污染和土壤重金属超标等均是受社会关注的全球性问题，也是人类面临的严峻挑战。与自然土壤相比，农田土壤在全球碳库中是最为活跃的土壤类型之一，是受到强烈人为扰动且短时间内可调节的碳库，因而农业土壤碳库储量及其固碳能力是评估温室气体减排潜力的重要依据。长期施用化肥和有机肥及不同的施肥方式均影响 CO_2、N_2O、CH_4 等土壤温室气体排放（陈杰华和慈恩，2013；董玉红等，2007）。氨挥发损失是中南丘陵区红壤双季稻田氮损失的最主要途径之一。该区域早晚稻优化施氮量（早稻 150 kg/hm^2，晚稻 180 kg/hm^2）下，早稻氨挥发氮损失约占施氮量的 39.8%，晚稻氨挥发氮损失约占施氮量的 46.9%，氨挥发氮损失与施氮量呈极显著指数关系。早稻和晚稻的氨挥发都在施肥后 1～3 d 达到峰值，然后逐渐下降。氨挥发率表现为：晚稻>早稻；早稻追肥>基肥；晚稻基肥>追肥（朱坚，2013）。章明奎等（2006）研究了 3 组质地（黏土、重壤土和轻壤土）水稻土水溶性磷（0.01 mol/L CaCl$_2$-P）与土壤测试磷（Olsen-P 和 Bray1-P）及土壤磷饱和度的关系。结果表明，土壤测试磷及土壤磷饱和度与土壤水溶性磷的关系存在转折点，当土壤磷超过转折点时，土壤水溶性磷和磷的释放潜力明显增加。在好气条件下，供试水稻土磷环境敏感临界值（转折点）在 Olsen-P 50～75 mg/kg、Bray1-P 90～140 mg/kg 和磷饱和度 21%～23%；在厌氧条件下，供试水稻土磷环境敏感临界值（转折点）在 Olsen-P 35～

45 mg/kg、Bray1-P 75～115 mg/kg 和磷饱和度 16%～18%，超过临界值，土壤磷可对环境产生非常明显的负影响，不应再施用磷肥和粪肥。重金属进入土壤后，因其难移动性而大量积累，造成土壤环境污染，通过食物链进入人体，威胁人类的健康。在农业生产中，土壤重金属的含量及活性受施肥影响较大。许多研究结果表明，长期施肥可以影响土壤中重金属的积累。在中国科学院桃源农业生态实验站的红壤双季稻田长期定位试验研究中发现，单施化肥可以明显降低土壤 Cd 含量，水稻收获时的移出效应可能是 Cd 含量减少的主要原因；而施用有机肥的处理，有机物料的循环在归还养分的同时，也归还了 Cd；施用化肥和有机物料循环可以使红壤稻田 Pb 含量增加，对 Cu 和 Zn 的积累作用不显著（谭长银等，2009）。长期施肥不仅可以影响土壤中重金属的积累，而且不同肥料的施用对土壤重金属的有效性有重要影响。对我国南方红壤和北方黑土长期定位试验研究表明，长期施用猪粪不仅增加了土壤 Cd 积累，而且增加了交换态 Cd 在全量 Cd 中所占的比例（谭长银等，2010；Wu et al.，2012）。

进入 21 世纪，我国农业面源污染对水体富营养化的影响将进一步加剧，农业和农村发展引起的水污染将成为我国可持续发展的最大挑战之一。研究结果表明，在我国水体污染严重的流域，农田、农村畜禽养殖和城乡结合部的生活排污是造成水体氮、磷富营养化的主要原因。构成磷发生总量的主要组分为：农田化肥、畜禽排放和农村人口排污比例，由 20 世纪 60 年代的 1：5：4 演变为目前的 6：3：1。在太湖地区稻-麦轮作体系下，连续 13 年适磷、高磷施肥，土壤耕层 Olsen-P 含量分别达到 26.9 mg/kg 和 33.2 mg/kg，均高于临界值浓度，且已导致稻田田面水与30 cm 渗漏水中总磷浓度显著升高，大大提高了稻田磷淋溶及径流的风险。我国许多地区特别是农业集约化程度高、氮肥用量大的地区，已面临严重的地下水硝酸盐污染问题，农业面源污染是地下水硝酸盐污染的首要原因（张维理等，2004）。基于红壤稻田不同施肥长期定位试验，研究不同施肥与稻田土壤环境的关系，能够为红壤地区农业环境保护和农产品生态安全提供科学依据。

第三节 长期施肥定位试验的作用与意义

一般认为至少要持续 20 年以上才能称为长期试验，50 年以上的为非常长期试验。世界上历史最悠久的长期定位试验站当属建于 1843 年的英国洛桑实验站，其距今已有 170 多年的历史，此长期实验站，取得了很多短期试验难以得到的重要成果，特别是在推动肥料应用方面。洛桑实验站的建立和发展为当今现代农业的发展和进步作出了不可磨灭的贡献（沈善敏，1984a，1984b，1984c，1995），被称为"现代农业科研发源"。从研究的角度来说，通常将长期定位试验分为两大类：肥料试验、连作与轮作试验。目前，综合以上两类长期定位试验的试验场有：英国洛桑实验站、法国格里尼翁国立农业学院、美国伊利诺伊州立大学的 Morrow

Plots、德国哥廷根农业研究所和奥地利维也纳农业大学 Grossenzerdorf 等。单一地进行肥料试验或连作与轮作试验研究的长期定位实验站有：丹麦 Askov 实验站、芬兰 Heteensuo 实验站、荷兰 Geert Veenhuizenhoeve 实验站，以及挪威、比利时、日本、捷克等国家的长期定位实验站（陈子明，1984；沈善敏，1984a，1984b，1984c，1995）。我国在 20 世纪 50 年代就布置过一批长期定位试验，后因故中断，七八十年代之后中国科学院和中国农业科学院的相关院所相继又布置了一批能基本代表我国典型土壤类型的长期定位试验。到目前为止，全国持续进行的长期定位施肥试验有 50 个左右（李庆逵和胡祖光，1956；张淑香等，2015）。这批"经典性"的长期肥料试验，在农作物产量和土壤质量提高方面打下了坚实的理论与实践基础，为世界农业的发展起到了重要的推动作用。

长期定位施肥试验跨越时间长，试验期间经历的环境因子变异大，与短期试验相比，其结果具有更高的可靠性和应用性。通过肥料试验及轮作长期定位试验，可以系统研究和评价施肥与不同轮作方式对作物产量及土壤肥力演变过程，是研究解决包括土壤、肥料、栽培及植保等在内的大量科学问题的重要途径；此外，通过长期定位试验获得的相关资料和信息涉及农业生物学的各个方面，为化肥等工业的兴起与发展研究奠定了坚实的实践基础，对农田保护和农业可持续生产作出了重大贡献（孙波等，2007）。长期定位试验的最初目的是针对厩肥和矿质肥料的营养价值进行比较研究，其次是研究施肥与耕作方式对土壤肥力和作物产量的影响。但进一步研究发现，等养分量肥料施用条件下，有机肥与化学肥料均能促进作物的持续增产，轮作方式下的作物产量优于连作方式；厩肥与绿肥相比，更加有利于加速土壤碳、氮、磷的累积，并促进土壤有效养分含量的提高，且两者与化肥相比，具有持续增加土壤有机营养库的功能。目前，长期定位试验已经深入到肥料中养分的利用率和去向、土壤钾释放、肥料残效、作物产品和质量保障等各个方面的研究中。长期定位试验研究的逐步深化，已经引发出很多亟待研究解决的主要问题，如持续施用化学氮肥和有机肥对土壤供氮能力、氮损失及其残留比例的影响；有机肥料施用的生态安全性、土壤持续供肥能力、作物产量的稳定性；作物的连作障碍等。目前，长期施肥对土壤肥力性状的影响主要有两个方面：一是不同施肥对后期土壤肥力性状的影响；二是纵向比较同一施肥模式下的土壤肥力演变过程。在土壤微生物特性影响方面，目前最前沿的研究技术［聚合酶链反应-变性梯度凝胶电泳（PCR-DGGE）技术和基于 16S rRNA 基因的高通量测序技术］可以检测出微生物群落结构的历年变化，基于此，可以纵向比较其微生物群落结构的变化，从而分析出土壤肥力演变和环境变化特征，同时还可以横向比较并分析出不同施肥条件下的土壤肥力演变和环境变化特征。

第二篇 长期施用有机无机肥
红壤双季稻田土壤肥力演变

第二章　红壤双季稻田有机无机肥长期试验概况

红壤双季稻田有机无机肥长期定位试验开始于 1982 年，位于湖南省祁阳县文富市镇中国农业科学院红壤实验站内（111°52′E，26°45′N），试验地位于红壤丘岗中部，属典型的红壤双季稻区，海拔 150 m，年平均温度 18.3℃，最高温度 36.6~40.0℃。≥10℃积温 5600℃，多年年平均降雨量 1250 mm，年蒸发量 1470 mm，无霜期约 300 d，年日照 1610~1620 h。水、温、光、热资源丰富。

该站前身为 1960 年中国农业科学院土壤肥料研究所驻湖南省祁阳县文富市公社官山坪大队低产田改良联合工作组，1964 年成立中国农业科学院土壤肥料研究所祁阳工作站，1983 年更名为中国农业科学院衡阳红壤实验站，2000 年遴选进入国家野外（台）站试点站，2006 年成为首批国家野外台站，命名为湖南祁阳农田生态系统国家野外科学观测研究站，为我国历史上最长的农业实验站。

供试土壤为第四纪红色黏土发育的红黄泥，土壤质地为壤质黏土，土壤中黏土矿物主要以高岭石为主。耕层土壤基本理化性状：pH 5.2，有机质含量 21.0 g/kg，全氮 1.44 g/kg，碱解氮 82.8 mg/kg，全磷 0.48 g/kg，有效磷 9.6 mg/kg，缓效钾 237 mg/kg，速效钾 65.9 mg/kg。试验设 7 个处理：①CK；②M；③NPK；④PKM；⑤NKM；⑥NPM；⑦NPKM。小区面积：1.8 m×15 m=27 m^2，3 次重复，随机区组排列，小区间均用水泥埂分隔。一年两熟双季稻，肥料施用量见表 2.1。早稻、晚稻施肥量相等，每季施肥量为：尿素（N 46%）157.5 kg/hm^2，过磷酸钙（P$_2$O$_5$ 12%）450.4 kg/hm^2，氯化钾（K$_2$O 60%）56.3 kg/hm^2，有机肥为腐熟的牛粪 22 500 kg/hm^2（折合养分含量：N 72.0 kg/hm^2、P$_2$O$_5$ 56.3 kg/hm^2、K$_2$O 33.8 kg/hm^2），牛粪养分含量为多年测定的平均值。所有肥料均作基肥一次施入。试验水稻品种为当地常用品种，3~5 年更换一次。早稻于每年的 3 月下旬播种，4 月下旬移栽秧苗，7 月中旬收获；晚稻 6 月中旬播种，7 月中旬移栽，10 月上旬收获，稻草均不还田。各小区全部收获测产，单独测产。其他与当地稻田管理一致。晚稻收获后的 1 个月内于每个小区按"之"字形采集 0~20 cm 土样，室内风干，拣除根茬、石块，磨细过 1 mm 和 0.25 mm 筛，装瓶保存备用。

土壤和植株样品分析参照《土壤农业化学常规分析法》一书所要求的方法。对土壤生化项目和土壤微生物测定参照《土壤酶及其研究方法》一书的测定方法。

表 2.1　有机无机肥配施长期试验各处理每季施肥情况　（单位：kg/hm²）

处理	肥料施用量				养分总量		
	无机肥施用量			有机肥用量	N	P_2O_5	K_2O
	N	P_2O_5	K_2O				
CK	0	0	0	0	0	0	0
NPK	72.5	56.3	33.8	0	72.5	56.3	33.8
M	0	0	0	22 500	72.5	56.3	33.8
PKM	0	56.3	33.8	22 500	72.5	112.6	67.6
NKM	72.5	0	33.8	22 500	145	56.3	67.6
NPM	72.5	56.3	0	22 500	145	112.6	33.8
NPKM	72.5	56.3	33.8	22 500	145	112.6	67.6

第三章　土壤有机碳演变规律

土壤有机碳（SOC）是指存在于土壤有机物质（SOM）中的碳，是一系列含碳有机化合物的统称，土壤有机碳库在全球碳循环中占有重要地位。土壤有机碳主要来源于土壤中的动植物残体及作物根系、土壤微生物等新陈代谢过程中的分泌排泄物质。土壤中 SOM 是由结构复杂的多重物质共同组成并且存在形式复杂多样，对于外界条件的响应也各不相同。为了更加全面了解 SOM 的基本性质及相互转化特征，需要一个标准对其进行分组，以便更深入地分析比较不同的有机碳组分的转化特征、了解土壤有机碳组分的稳定程度差异。土壤有机碳的物理分组是指在尽量保护土壤有机-无机复合体性质的前提下，测定不同粒级有机碳含量，对土壤不同大小颗粒进行分离的一种方法。

利用超声波打破土样结构，使其分散为原生土壤颗粒，根据颗粒大小分为砂粒（53～2000 μm）、粗粉粒（5～53 μm）、细粉粒（2～5 μm）、粗黏粒（0.2～2 μm）和细黏粒（<0.2 μm）（佟小刚，2008）。不同大小土壤颗粒的表面化学性质及吸附其他物质的能力各不相同，结合及抗分解有机碳的能力也有着本质的区别。因此，不同大小土壤颗粒结合的有机碳成分也不相同。砂粒中有机碳主要由正在腐解的植物残体和微生物组成；粗粉粒中有机碳由腐殖质和植物残体组成；细粉粒有机碳只有腐殖质；粗黏粒有机碳只有根系分泌物；细黏粒有机碳主要来自微生物代谢产物（Christensen，2001）。

土壤颗粒有机碳库可分为易分解有机碳库（主要由砂粒、粗粉粒、细黏粒有机碳组成）和惰性有机碳碳库（主要由细粉粒、粗黏粒有机碳组成）（Christensen，2001）。由于不同大小颗粒土壤矿物粒径对其比表面积有显著的影响，砂粒有机碳与砂粒并没有完全结合，两者很容易分离，并且在微生物作用下很容易分解与更小的颗粒结合，土壤颗粒越小，结合的有机碳腐殖化程度越高；在其他细小颗粒及微生物的作用下，粗粉粒有机碳不能得到有效、及时的补充，往往土壤中根系分泌物高于微生物代谢产物；细粉粒对腐殖质的竞争优于粗粉粒；黏粒对有机碳有"吸附固定"作用，有机碳与黏粉粒结合后其生物降解性下降（Kahle et al.，2002），很多研究也表明了土壤稳定性有机碳与黏粒关系密切（Six et al.，2002a；Solomon et al.，2002）。

土壤有机碳是评价土壤质量的一个重要指标，对土壤理化性质、生物学性质具有深远影响。土壤总有机碳（TOC）的动态平衡直接影响着土壤肥力和农作物的产出，土壤有机碳的分解转化量与积累摄入量之间的盈亏直接制约着有机碳在土壤中的供给平衡（于君宝等，2004）。土壤有机碳含量与耕作方式、土壤质地、轮作类型、肥料施用等因素有关。

传统的耕作方式改变了土壤的理化性质、破坏了土壤有机碳的物理保护层，从而加剧了微生物对土壤有机碳的分解，降低了土壤有机碳含量（金峰等，2001）。受农耕器材的扰动，农田土壤碳不断损失，资料显示，我国甘肃中部地区由于不合理的耕作方式，土壤有机质含量下降了原始背景值的一半以上（杨景成等，2003），大气中CO_2不断增加，温室效应加剧。因此，合理的耕作方式是增加土壤有机碳含量、提高土壤肥力的保障。

土壤质地在一定程度上影响着有机质的分解与转化速率，质地不同的土壤理化性状差异很大，土壤保水透气性的差异对土壤微生物的活性和数量等影响很大，从而影响土壤有机碳的累积。一般情况下，质地越黏重其有机质的分解与转化速率越小（张国盛和黄高宝，2005），不同类型土壤的有机碳更新周期差异很大，且有机碳组分大都存在于粉粒、黏粒之中。

土壤有机碳是各种有机物质的混合体，其不同的组分形态会对土壤肥力产生不同的影响，宏观上造成了短时间内土壤理化性质与土壤总有机碳的变化相当敏感。因此，很多学者通过研究活性土壤有机碳含量的变化来考察耕作措施和人为扰动等条件变化对土壤有机碳及土壤肥力的影响（马永良等，2002）。例如，在长期定位试验下的不同耕作措施对土壤总有机碳的影响，在关中地区对 7 年小麦-玉米轮作的定位试验中，通过对不同土层有机碳及其各结合形态含量的测定，发现深松、旋耕和免耕模式都提高了土壤有机碳含量（王彩霞等，2010）。此外，在农田系统中，不同的施肥模式对土壤有机碳的影响较大，有机肥料能够提高土壤有机碳含量；单施化肥和不施化肥使土壤有机碳及土壤碳库管理指数（CMI）变化显著，其中，有机肥施用 10 年比施用 5 年土壤有机碳含量平均提高 99.8%（徐明岗等，2006）。研究发现，秸秆还田能够显著提高耕层土壤有机碳含量（李琳等，2006）；传统耕作+秸秆还田模式使土壤有机碳和土壤微生物量碳得到有效的积累，提高了土壤整体肥力；不同施肥方式对土壤有机碳含量的增加及土壤肥力的恢复有显著影响（崔志强等，2008）。

第一节　总有机碳及颗粒有机碳

一、土壤总有机碳演变特征

有机无机肥配施定位试验各处理土壤有机碳含量随着施肥时间的延长均有不同程度的增加，而不施肥处理土壤有机碳含量逐年降低（图 3.1）。各施肥处理土壤有机碳含量的增加趋势在初期较快，越接近平衡状态，曲线越趋于平缓。不同施肥处理土壤有机碳累积曲线不同，反映了土壤有机碳变化速率的特征。均可

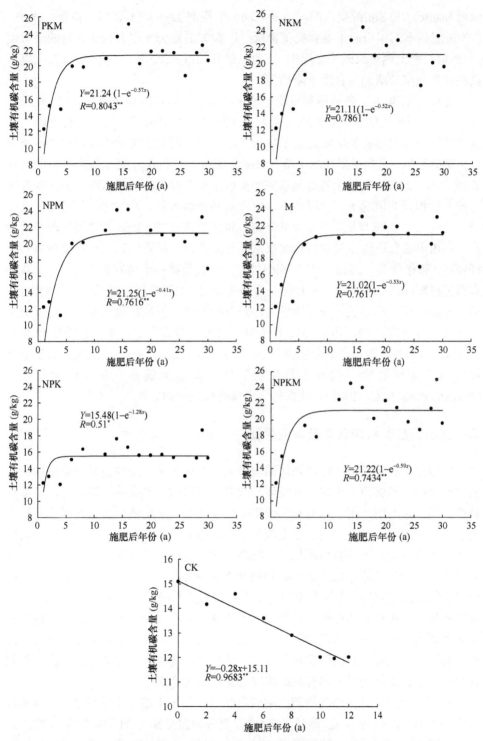

图 3.1　不同施肥处理土壤有机碳含量变化

应用 Stanford 与 Smith 提出的一级反应动力学模型 $Y_t = Y_0 (1-e^{-kx})$ 拟合。式中，Y_t 为施肥后不同年份的土壤有机碳含量；Y_0 和 k 分别为土壤有机碳含量的最大值（平衡值）和土壤有机碳增加速率；x 为试验开始后施肥年份。不施肥处理土壤有机碳含量随年份增加呈直线下降趋势。

连续施肥 30 年，各施用有机肥处理土壤有机碳含量增加速率为 0.41～0.59 g/（kg·a），趋于平衡的土壤有机碳含量为 21.02～21.24 g/kg，平均为 21.17 g/kg。单施化肥的处理土壤有机碳增速为 1.28 g/（kg·a），但其趋于平衡的时间较其他施用有机肥处理短，且趋于平衡的土壤有机碳含量为 15.48 g/kg，低于施用有机肥的各处理 26%～27%。表明土壤有机碳的平衡值主要与有机物的投入量有关，在有机肥投入量相同的情况下，化肥的不同配比对其影响有限。从 2000 年开始，连续 12 年不施肥，土壤有机质含量直线下降，每年降低 0.28 g/kg，并逐渐呈现平衡趋势。稻田土壤有机碳主要来自作物根系及其分泌物、根系残茬、有机肥投入和秸秆还田（张敬业等，2012），长期施肥处理能够显著提高土壤有机碳含量，尤其是有机无机肥配施处理和单施有机肥处理效果最好，主要是因为施肥促进作物生长，提高作物产量，根系及其分泌物增多，残茬的归还量提高，进而增加土壤有机碳的含量。与不施肥 CK 相比，M、NPKM、NPK 三处理稻谷产量分别提高 51.8%、89.5%、46.85%，稻草产量分别提高 102.9%、53.2%、47.3%。并且施用有机肥能够调节土壤碳氮比，提高土壤生物活性，促进土壤养分和有机碳的转化（Purakayastha et al.，2008），从而提高土壤有机碳的固定量。

二、土壤颗粒有机碳含量及演变特征

红壤性水稻土是南方红壤地区面积最大的农业土类，土壤有机碳是土壤肥力的重要指标，能够调节土壤养分循环，改善土壤结构、理化性质等状况，对水稻稳产、高产起关键作用。研究有机碳组分的变化有利于明确稻田土壤固碳的稳定性及其保护机制。土壤有机碳是土壤微生物生命活动的能源，对土壤性质的改变有较深远的影响，土壤有机碳代表了陆地生态系统最大的碳库，其微小的变化都可引起大气 CO_2 浓度的较大波动，特别是土壤中各种生物主导的有机质转化过程中对碳的释放或固存。土壤有机碳与土壤颗粒联系紧密，其中 50%～100% 与土壤颗粒相结合。有机碳的分解难易程度和土壤颗粒大小密切相关，土壤颗粒越小有机碳性质越稳定，砂粒有机碳是土壤有机碳库的源泉，在微生物的作用下向其他粒级转移。土壤有机碳的固定和保持是一个生物、物理、化学的综合过程，探究颗粒有机碳转化机制对土壤有机碳的固持具有重大意义。

长期试验的供试土壤为第四纪壤质黏红土，稻田土壤主要以粗黏粒、细粉粒为主，粗粉粒次之，细黏粒、砂粒含量最低，百分含量分别为 31.2%、22.1%、20.3%、13.8%、12.6%（图3.2）。研究发现，与 CK 相比，单施有机肥显著提高土壤细粉粒、砂粒的百分含量，显著降低细黏粒、粗粉粒的百分含量；有机无机肥配施显著提高土壤细黏粒、粗黏粒的百分含量，显著降低粗粉粒的百分含量。土壤粗黏粒颗粒以 NPK、NPKM 处理百分含量最高，分别为 32.2%、31.5%，显著高于 M 处理 3.6 个百分点、2.9 个百分点，显著高于 CK 处理 3.9 个百分点、3.2 个百分点；土壤细粉粒颗粒以 M 处理百分含量最高，为 24.6%，显著高于 NPKM、NPK、CK 处理 4.1 个百分点、4.3 个百分点、4.4 个百分点；土壤粗粉粒颗粒以 CK 处理百分含量最高，为 25.4%，显著高于 NPK、M、NPKM 处理 5.2 个百分点、6.1 个百分点、6.3 个百分点；土壤细黏粒颗粒以 NPK、NPKM 处理百分含量最高，分别为 15.3%、15.0%，显著高于 M 处理 4.3 个百分点、4.0 个百分点；土壤砂粒颗粒以 M 处理百分含量最高，为 14.3%，显著高于 CK、NPK 处理 3.3 个百分点、4.1 个百分点。

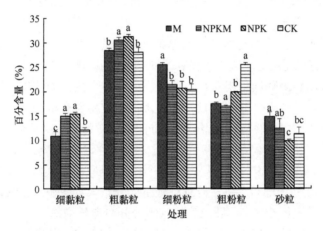

图 3.2　长期不同施肥处理稻田土壤颗粒含量（2012 年）
柱上不同字母表示相同粒级不同处理间在 5% 水平差异显著，后同

　　图 3.3 显示，不同施肥 30 年对土壤颗粒有机碳组分含量具有显著影响，单施有机肥及有机无机肥配施显著提高了细黏粒、粗黏粒、细粉粒、砂粒中的有机碳含量，而施用无机肥仅显著提高细黏粒有机碳含量；单施有机肥及无机肥显著降低粗粉粒有机碳含量。研究发现，CK 处理中土壤颗粒组分有机碳含量以细黏粒、粗黏粒最高，细粉粒、砂粒有机碳含量次之，粗粉粒有机碳含量最低，其平均有机碳含量分别为 20.44 g/kg、20.47 g/kg、14.29 g/kg、11.57 g/kg、3.80 g/kg。与不施肥（CK）相比，单施有机肥（M）使细黏粒有机碳含量增加 34.2%，粗黏粒有机碳含量增加 31.2%，细粉粒有机碳含量增加 31.8%，砂粒有机碳含量增加 110.1%，粗粉粒有机碳含量降低 29.7%；有机无机肥配施（NPKM）使细黏粒有机碳含量增加 16.6%，粗黏粒有机碳含量增加 24.6%，细粉粒有机碳含量增加 22.6%，砂粒有机碳含量增加 100.0%；单施无机肥（NPK）使细黏粒有机碳含量增加 7.4%，粗粉粒有机碳含量下降 30.7%。

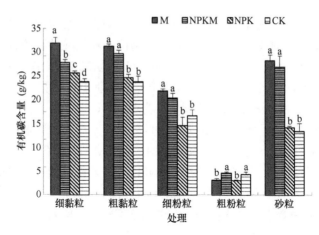

图 3.3　长期不同施肥处理的稻田土壤颗粒有机碳含量

柱上不同字母表示相同粒级不同处理间在 5%水平差异显著，后同

　　图 3.4 显示，长期不同施肥处理对颗粒有机碳组分分布含量具有显著影响，单施有机肥及有机无机肥配施显著提高了细黏粒、粗黏粒、细粉粒、砂粒中有机碳组分分布含量，显著降低了粗粉粒有机碳组分分布含量；而施用化肥显著提高细黏粒、粗黏粒有机碳组分分布含量，显著降低了粗粉粒有机碳组分分布含量。不施肥（CK）处理土壤颗粒有机碳组分分布含量从高到低依次是粗黏粒、细粉粒、细黏粒、砂粒、粗粉粒，其平均有机碳组分分布含量为 5.75 g/kg、2.91 g/kg、2.48 g/kg、1.30 g/kg、0.97 g/kg。与 CK 相比，单施有机肥（M）使细黏粒有机碳组分分布含量增加 19.8%，粗黏粒有机碳组分分布含量增加 32.9%，细粉粒有机碳组分分布含量增加 65.0%，砂粒有机碳组分分布含量增加 175.3%，粗粉粒有机碳组分分布含量降低 51.9%；有机无机肥配施（NPKM）使细黏粒有机碳组分分布含量增加 43.5%，粗黏粒有机碳组分分布含量增加 35.5%，细粉粒有机碳组分分布含量增加 28.4%，砂粒有机碳组分分布含量增加 119.6%，粗粉粒有机碳组分

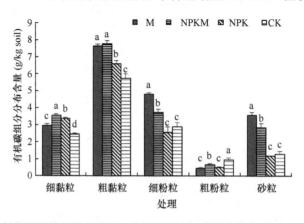

图 3.4　长期不同施肥处理的稻田土壤颗粒有机碳组分分布含量（2012 年）

分布含量降低 29.4%；单施化肥（NPK）使细黏粒有机碳组分分布含量增加 36.3%，粗黏粒有机碳组分分布含量增加 15.1%，粗粉粒有机碳组分分布含量降低 46.1%。

从表3.1中可以看出，长期不同施肥处理土壤细黏粒、粗黏粒有机碳含量与时间呈现（极）显著线性关系，施肥使土壤粗黏粒、细黏粒有机碳含量稳定升高，并且有机碳年均累积量 M>NPKM>NPK。与单施化肥（NPK）相比，单施有机肥（M）土壤细黏粒、粗黏粒有机碳年均增长量提高69.3%、54.8%；有机无机肥配施（NPKM）土壤细黏粒、粗黏粒有机碳年均增长量提高42.3%、43.5%。此外，施肥处理粗黏粒有机碳平均累积速率最快，是细黏粒有机碳平均累积速率的1.28倍；单施化肥处理砂粒有机碳含量与时间呈显著负线性关系，施用化肥使土壤砂粒有机碳含量不断减少，年均减幅1.14%；其他处理的土壤粗粉粒、砂粒有机碳含量没有明显变化趋势。

表 3.1　不同施肥处理时间（年）与土壤颗粒有机碳含量的线性回归分析方程参数

粒级	处理	r^2	年变化 k [g/（kg·a）]	增幅百分比 （%）
细黏粒	M	0.7184*	0.3594	2.16
	NPKM	0.7189*	0.3022	1.82
	NPK	0.6835*	0.2123	1.28
粗黏粒	M	0.8584**	0.4357	3.23
	NPKM	0.8048*	0.4037	2.99
	NPK	0.7465*	0.2814	2.08
粗粉粒	M	0.0031	0.0044	
	NPKM	0.2015	0.0579	
	NPK	0.0387	−0.0183	
砂粒	M	0.0049	−0.0166	
	NPKM	0.0126	0.022	
	NPK	−0.6658*	−0.2282	−1.14

*表示达显著相关 $P<0.05$；**表示达极显著相关 $P<0.01$

土壤有机碳含量的演变是一个长期复杂的过程，组分转换错综复杂（陈小云等，2011）。长期试验结果表明，施肥 12 年后土壤总有机碳含量和细粉粒有机碳含量达到饱和，而细黏粒、粗黏粒有机碳含量与时间（年）有显著的线性关系，粗粉粒有机碳含量变化趋势不明显。其主要原因是施肥为微生物提供了直接的养分和能源，提高了生物活性等（张敬业等，2012），从而使微生物代谢分泌物增多，这些分泌物又直接由粗颗粒转移至细颗粒，从而促进细黏粒有机碳积累；此外，施肥促进了根系的生长，使根系分泌物增多，进而促进了粗黏粒有机碳的累积；同时微生物的活动消耗了粗粉粒有机碳，使其有机碳含量不断减少（李继明等，2011；张敬业等，2012）；另外，由于土壤颗粒的表面化学性质不同，细黏粒对有机碳的固持能力不及更细小的颗粒，在碳源充足的情况下达到饱和。长期试验还表明，细黏粒、粗黏粒、细粉粒及总有机碳相互之间有机碳含量存在极显著的正相关关系，主要原因是细颗粒为土壤有机碳的主要固持组分（佟小刚，2009；张敬业等，2012），施肥提高了土壤的碳投入，从而使土壤有机碳在细小颗粒上得到累积。

第二节　红壤稻田有机碳投入与固碳潜力

土壤有机碳的来源主要是施用有机物料和植物残体自然还田。土壤外源有机碳投入量估算包括以下两方面。

1）施用有机肥的碳量，用下式估算：

$$T_m = Q_m \times C_m \times (1-W_m) \times 10^{-3}$$

式中，T_m 为通过有机肥投入的碳量[t C/（hm^2·a）]；Q_m 为有机肥施用量[t C/（hm^2·a）]；C_m 为有机肥多年测定平均含碳量（400 g/kg，烘干样测定结果）；W_m 为有机肥含水量。

2）水稻根茬和残茬的碳量，用下式估算：

$$RT_C = RT_M \times C_R \times 10^{-3}；ST_C = ST_M \times C_S \times 10^{-3}$$

式中，RT_C 为根茬输入碳量[t C/（hm^2·a）]；RT_M 为根茬残留量[t C/（hm^2·a）]，按当年地上部水稻生物量的30%估算；C_R 为水稻植株含碳量，按 418 g/kg 计算；ST_C 为残茬输入碳量[t C/（hm^2·a）]；ST_M 为稻田残茬量[t C/（hm^2·a）]，按稻草产量的5.6%估算；C_S 为稻草含碳量，按 444 g/kg 计算。

各施肥处理有机碳投入量总体呈现略微下降的趋势（图 3.5）。不同施肥方式决定了有机碳投入量的大小，施用有机肥的各处理，其有机碳投入量显著大于单施化肥（NPK）和不施肥处理（CK）；单施化肥（NPK）的有机碳投入量显著大于不施肥处理（CK）。施用有机肥的各处理历年平均有机碳投入量以 NPKM 最高，为 6.7 t C/（hm^2·a），PKM 处理最低，为 6.2 t C/（hm^2·a），PKM 和 M 处理的每年平均有机碳投入量显著低于 NPKM 和 NPM 处理。

将各处理耕层土壤有机碳历年平均固碳速率，与年均总投入碳量做相关分析（图 3.6），可以看出，土壤固碳速率与年均总投入碳量呈显著指数正相关（R^2=0.8715，P<0.01）。若要维持红壤性水稻土碳平衡，每年至少需增加碳投入 2.41 t C/hm^2。以单施化肥的 NPK 处理为例，其根茬和残茬年投入碳量的多年平均值为 2.29 t C/hm^2，即在本试验设计的化肥施用水平下，除根茬和残茬自身投入的碳量之外，每年至少需要增加外源有机碳投入约 0.12 t C/hm^2，才能维持土壤有机碳的基本平衡。

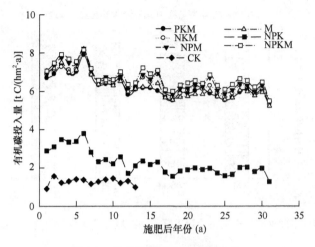

图 3.5 各处理外源有机碳投入量

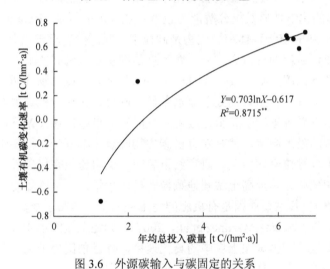

图 3.6 外源碳输入与碳固定的关系

第三节 有机碳组分变化特征

一、土壤各有机碳组分变化特征及各组分之间的相互关系

由图 3.7 可以看出，与不施肥相比，单施有机肥使土壤有机碳在砂粒、细粉粒的分布百分比提高 8.71 个百分点、2.97 个百分点，粗粉粒、粗黏粒、细黏粒的分布百分比降低 4.83 个百分点、3.62 个百分点、3.23 个百分点。有机无机肥配施使土壤有机碳在砂粒的分布百分比增加 5.64 个百分点，粗粉粒的分布百分比降低 3.56 个百分点。单施化肥使土壤有机碳在粗粉粒、细粉粒的分布百分比下降 3.57 个百分点、3.65 个百分点，粗黏粒、细黏粒的分布百分比上升 3.43 个百分点、5.17 个百分点。

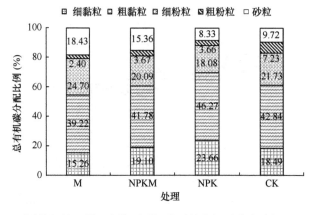

图 3.7 不同施肥处理稻田土壤不同组分颗粒有机碳分布比例（2012 年）

由于不同大小的土壤颗粒其表面化学性质不同，它们结合有机碳的量、组成方式、表现出的化学性质及抗分解能力也就存在本质的区别（Bhattacharyya et al.，2004）。正在腐解的植物残体和微生物是砂粒主要吸附的有机碳成分，腐殖质和植物残体是组成粗粉粒的有机碳成分，腐殖质是细粉粒有机碳的唯一成分，根系分泌物是粗黏粒有机碳的唯一成分（Christensen，2001），微生物代谢产物是细黏粒有机碳的唯一成分。稻田长期处于淹水条件，砂粒、粉粒有机碳很容易分离，在微生物的作用下有机碳发生腐殖化过程并且向其他组分转移（Wu et al.，2005）。黏粒对有机碳的吸附固定，使黏粒有机碳生物降解速率下降，很多学者指出稳定性有机碳与土壤黏粒密切相关。研究结果表明，除粗粉粒有机碳外，单施有机肥及有机无机肥配施显著提高土壤其他颗粒有机碳含量，而单施化肥对土壤有机碳含量的影响不大，其主要原因是有机肥的使用提高了土壤微生物数量及酶的活性，改善了土壤质量（Acosta-Martinez et al.，2007），归还土壤的植物残体腐殖化过程加快，进而促进了有机碳在土壤中的转化速率，并且稻田处于淹水条件，腐殖质与粗粉粒容易被分离，从而使粗粉粒有机碳得不到累积。

对 6 批次历史土壤、4 个处理的不同大小颗粒有机碳含量间及与总有机碳含量进行相关分析，表 3.2 表明，除粗粉粒外，其他土壤各粒级有机碳含量与总有机碳含量相关性极显著，说明细黏粒、粗黏粒、细粉粒与砂粒有机碳含量对

表 3.2　土壤不同大小颗粒有机碳组分之间及与总有机碳相关系数

处理	细黏粒	粗黏粒	细粉粒	粗粉粒	砂粒
粗黏粒	0.8703**				
细粉粒	0.7663**	0.6986**			
粗粉粒	0.0112	0.043	0.0817		
砂粒	0.1847	0.1492	0.3499**	0.23*	
总有机碳	0.6144**	0.5418**	0.6901**	0.2011	0.6523**

注：n=19。**表示显著水平 $P<0.01$；*表示显著水平 $P<0.05$；下同

土壤总有机碳的反应敏感。土壤细黏粒、粗黏粒、细粉粒有机碳含量相互之间相关性极显著，细粉粒、粗粉粒、砂粒有机碳含量相互之间相关性（极）显著，其中颗粒越细小，其有机碳含量的相关性越紧密。

二、土壤各有机碳与土壤理化性质和稻谷产量的相互关系

对 6 批次历史土壤、4 个处理的不同大小颗粒有机碳含量与土壤大量养分及稻谷产量进行相关分析，表 3.3 表明，土壤颗粒有机碳、总有机碳含量与土壤养分及稻谷产量有着密切的相关性，其中土壤砂粒有机碳含量与土壤全氮含量关系最为紧密，粗黏粒有机碳与土壤有效磷含量关系紧密，细黏粒、粗黏粒有机碳含量与碱解氮含量关系最为紧密，砂粒有机碳含量与土壤速效钾含量关系紧密，粗黏粒有机碳含量与 pH 关系紧密，粗粉粒、砂粒有机碳含量与稻谷产量关系密切，而土壤颗粒有机碳与全磷没有显著的相关性。

表 3.3　土壤颗粒有机碳库与土样养分及稻谷产量相关系数

处理	全氮	全磷	碱解氮	有效磷	速效钾	pH	稻谷产量
细黏粒	0.1744	0.0854	0.6407**	0.1117	0.0186	0.0107	0.0037
粗黏粒	0.1970	0.1425	0.7845**	0.2285*	0.0097	0.2417*	0.0029
细粉粒	0.2793*	0.0231	0.3685**	0.0441	0.0686	0.0338	0.0078
粗粉粒	0.0856	0.0345	0.0003	0.1188	0.0215	0.0546	0.2892*
砂粒	0.3374**	0.0018	0.0400	0.0107	0.3367**	0.1001	0.3338**

土壤有机碳的含量受土壤结构、养分和微生物等的影响（彭新华等，2004），是土壤肥力的重要指标（李继明等，2011）。在土壤养分的运输过程中，土壤有机碳所起的作用至关重要，有研究发现，土壤有机碳或溶解有机碳和全氮、碱解氮之间存在显著相关性（刘晓利等，2009；吴晓晨等，2008）。余喜初和李大明（2013）通过对 30 年长期施肥土壤总有机碳与土壤养分因子相关性分析得出，土壤有机碳与土壤碱解氮、全磷和有效磷极显著相关。长期试验结果表明，不同大小颗粒有机碳与不同养分之间存在显著的相关性，其中土壤总有机碳含量与土壤全氮、碱解氮显著相关，这一结果与前人报道一致。研究发现，粗黏粒有机碳与土壤有效磷含量关系紧密，细黏粒、粗黏粒有机碳含量与碱解氮含量关系最为紧密，砂粒有机碳含量与土壤速效钾含量关系紧密，粗黏粒有机碳含量与 pH 关系紧密，砂粒有机碳含量与稻谷产量关系最为紧密。其主要原因是不同颗粒有机碳的组成成分不同，对土壤养分的贡献也就不同；砂粒有机碳的组成成分是正在腐解的植物残体和微生物，在腐解的过程中速效钾得到释放（温明霞等，2004）。土壤碱解氮主要源于有机氮的矿化，有机氮的矿化与土壤微生物及酶的活性关系密切（Bengtsson et al.，2003），细黏粒、粗黏粒有机碳的成分是微生物分泌物及作物根

系分泌物，因而碱解氮与土壤小颗粒有机碳关系最密切。细黏粒有机碳成分是微
生物分泌物，而微生物的活性和数量与土壤 pH 关系紧密，pH 越高，有机质的可
溶性越强，微生物的生命活性及分泌产物也就越多（Curtin et al.，1998）。可见不
同大小颗粒有机碳与相应土壤养分关系紧密，能够反映对应土壤养分状况。

第四节　小　　结

1）红壤双季稻田不同施肥处理下，趋于平衡的土壤有机碳含量为 21.02～
21.24 g/kg，平均为 21.17 g/kg。土壤固碳速率与年均总投入碳量呈显著指数正相
关关系。若要维持红壤性水稻土碳平衡，每年至少需增加碳投入 2.41 t C/hm^2。单
施化肥的 NPK 处理，其根茬和残茬投入碳量多年平均值为 2.29 t C/hm^2，即在本
试验设计的化肥施用水平下，除根茬和残茬自身投入的碳量之外，每年至少需要
增加外源有机碳投入约 0.12 t C/hm^2，才能维持土壤有机碳的基本平衡。

2）施加有机肥土壤有机碳含量显著高于单施化肥，与 CK 相比，单施化肥土
壤有机碳含量显著提高。不同大小颗粒有机碳中，细黏粒、粗黏粒有机碳含量最
高，粗粉粒有机碳含量最低。但是粗粉粒有机碳在土壤中的分布所占比例远高于
其他粒级有机碳。

3）不同施肥 12 年红壤稻田土壤总有机碳、细粉粒有机碳含量达到饱和，细
黏粒、粗黏粒有机碳含量与时间（年）呈显著的相关关系，有机碳含量没有达到
饱和，仍具有固碳潜力。可见新增加的有机碳主要固定在黏粒中，黏粒是红壤稻
田有机碳固持的主要组分。

4）土壤黏粒有机碳对土壤总有机碳的响应最为敏感，其中粗黏粒有机碳含量
占总有机碳的 39.22%～42.98%，是土壤有机碳最稳定的组成部分。不同大小颗粒
有机碳含量与土壤不同养分关系紧密，能够作为衡量不同土壤养分状况的指标。

第四章 土壤氮养分演变特征

高产水稻吸收的氮有 50%～80% 来自土壤（朱兆良，1985），而土壤中的氮分为有机态和无机态，有机态氮的矿化速率很慢，且只有一小部分可以被当季作物吸收利用，无机态氮仅占土壤全氮的 1%～5%，但这部分无机态氮是作物主要吸收利用的氮来源，因此，土壤氮矿化量直接影响土壤生态系统的生产力。稻田土壤有机态氮矿化符合一级反应动力学原理，氮矿化势可用于预测作物某一生长阶段土壤中能够矿化的有机氮数量（徐明岗等，2002）。一级反应动力学方程参数土壤氮矿化势（N_0）、土壤氮矿化速率（k_0）及综合参数土壤氮矿化综合参数（$N_0 \cdot k_0$）、土壤有机氮品质（N_0/N_T），可以预测土壤的供氮潜力、速率，评价土壤肥力状况。本章讨论了长期有机无机肥配施下稻田土壤氮矿化参数的差异、氮矿化参数的演变特征、氮矿化参数与土壤养分及稻谷产量的关系，通过差异性检验评价不同施肥土壤氮矿化的影响，采用线性拟合得出长期不同施肥稻田土壤氮矿化的演变特征，通过相关性分析揭示土壤氮矿化与土壤肥力的相互作用。

第一节 土壤全氮演变特征

土壤全氮可作为土壤供氮能力的指标，土壤全氮包括可供作物直接利用的矿质氮、易矿化有机氮、不易矿化有机氮及黏土矿物晶格固定的铵，是作物从土壤获得氮的氮库。土壤全氮含量的增减也是土壤肥力高低的指标之一。长期不同施肥 30 年后，各处理土壤全氮的积累量发生了明显变化（图 4.1），除不施肥的 CK 处理外，各处理在试验开始后的 8 年内，土壤全氮均呈快速积累的趋势，以 NPKM 处理的增幅最大，平均每年增加 0.14 g/kg，PKM 处理的增加幅度最小，平均每年

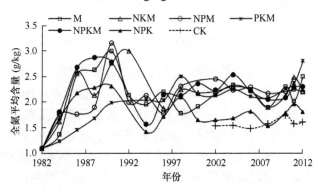

图 4.1 长期不同施肥土壤全氮平均含量的变化

仅增加 0.05 g/kg。自 1990 年以后，除 PKM 处理的土壤全氮平均含量保持在一个稳定的小幅波动的范围内以外，其他各施肥处理的土壤全氮平均含量均呈先下降后稳定的趋势，以 NPK 处理的降幅最大，达到 22.51%。各处理历年土壤全氮平均含量的大小顺序依次为 NPKM、NKM、M、NPM、PKM 和 NPK，其土壤全氮平均含量分别为 2.19 g/kg、2.18 g/kg、2.12 g/kg、2.10 g/kg、2.01 g/kg 和 1.79 g/kg，总体而言，单施有机肥或有机无机肥配施提高土壤全氮的效果比单施化肥好（Xing et al.，2000；沈善敏等，2002）。由此可见，有机肥与化肥配合施用是提高土壤全氮的有效措施。

第二节　土壤碱解氮演变特征

土壤碱解氮含量的水平表征土壤的供氮强度，反映当季作物可利用的氮含量。经过 30 年的连续种植和施肥，除对照外，其他各处理土壤碱解氮含量均有不同程度的增加（图 4.2），且表现为前期（试验开始至 1994 年）增加缓慢，平均每年增加 0.7~2.3 mg/kg，1994~1998 年增加较快，平均每年增加 6.5~32.5 mg/kg，1998 年之后，各施肥处理土壤碱解氮均表现为略微下降。从试验开始至 1996 年，各施肥处理间土壤碱解氮含量的差异不明显，1996 年之后，NPK 处理的土壤碱解氮含量明显低于其他施用有机肥的处理，而施用有机肥的各处理之间土壤碱解氮含量的变化趋势相似，且差异较小，历年平均含量在 139.0~150.1 mg/kg。

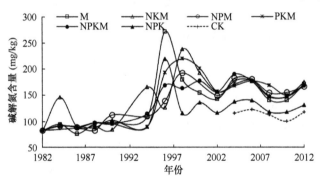

图 4.2　长期不同施肥土壤碱解氮含量的变化

种植 30 年后，单施化肥的 NPK 处理，土壤碱解氮含量较 1982 年试验开始时的 82.8 mg/kg 提高了 48.6 mg/kg，增幅为 58.7%；单施有机肥的 M 处理，土壤碱解氮含量提高了 88.2 mg/kg，增幅为 106.5%；有机无机肥配施（NKM、NPM、PKM、NPKM）的各处理土壤碱解氮含量提高了 83.4~92.7 mg/kg，增幅为 100.7%~112.0%。其原因是水稻在生长发育过程中不断吸收土壤中的有效氮，同时土壤中的有效氮又易随水流失和通过氨挥发损失，由于单施化肥的处理，施入的都是有效氮，因此可快速被作物吸收，也容易损失；而有机肥与化肥配施的处理，有机肥中的氮是缓效氮，只有矿化后才能变成有效氮，因此氮的损失较少，在土壤中的积累相对较多。

第三节 土壤矿物氮变化特征

土壤氮矿化是土壤有机氮在土壤动物、微生物等综合作用下转化为可以被植物吸收利用的无机氮的过程。土壤有机氮和无机氮的相互转化是构成土壤氮循环的主要部分。作物生长所需要的氮一部分来自土壤中的速效氮，另一部分来自土壤有机氮的矿化。土壤有机氮的矿化过程十分复杂，矿化的速率、矿化的数量受土壤环境、作物生长状况、土壤有机氮品质、土壤有机氮的含量等多因素影响。土壤氮矿化量是指培养前后土壤矿化的有机氮总量；土壤有机氮品质是指单位质量的有机氮能够矿化为无机氮的数量（李辉信等，2000）。土壤有机氮品质的高低影响土壤的肥力状况，进而影响植物对于土壤氮的利用率。土壤水溶性氮（DON）是土壤中能够被水或盐溶液浸提出的有机态氮，它是土壤有效氮，可以直接或经过转化后被作物吸收利用，其含量的多少是评价土壤供氮能力的重要指标，在土壤有机氮矿化中具有十分重要的作用（周建斌等，2005）。

微生物在土壤有机氮的矿化和氮的循环过程中起着十分重要的作用。土壤微生物是土壤有机质中最活跃、最容易转变的活的有机氮组分之一，与土壤中的其他菌类一样，能够促进土壤有机质的分解和矿化，提高土壤养分有效性及养分循环，并且其代谢物能够被植物吸收利用。土壤有效氮、有效磷和有效钾主要来源于土壤微生物对土壤有机质的矿化和转化作用（Zhang et al.，2003），且土壤微生物群体自身所含有的碳、氮、磷等元素又对土壤养分转化及作物吸收过程具有调节和补偿作用（李正等，2011）。土壤中体积小于 5×10^3 μm^3 的生物总量被称为土壤微生物生物量，它是土壤养分的储存库，是最为活跃的有机质组分，是植物生长所需养分的重要来源，在一定程度上反映出了微生物在土壤中的相对含量及其作用潜力（单鸿宾等，2010）。土壤氮循环包括土壤氮的微生物矿化和固持作用，这两个过程是同时发生的，并且与土壤微生物活性和施入的底物有效性密切相关。施入的碳源和氮源支配着微生物对氮的固持与释放，进而影响碳源和有机氮的溶解、矿化和同化作用（Tian et al.，2010；Park et al.，2002）。

土壤中的氮分为有机态氮和无机态氮，有机态氮的矿化十分缓慢，并且只有一小部分可以被当季作物吸收利用。无机态氮仅占土壤全氮的 1%～5%，但这部分氮是作物吸收利用氮的主要来源。有机态氮肥能够转化成作物直接吸收利用的无机态氮，所以在农业生产中需要向土壤中施入氮肥，氮肥中的氮浓度直接影响着土壤环境中的无机氮浓度（韩晓增等，2010；严君等，2011）。土壤无机态氮累积量通常随着作物类型、种间相互作用强度及实时土壤环境条件的变化而改变。氮肥的合成需要消耗大量的能量，并且对环境造成严重的污染，研究发现，通过豆科作物共生固氮来满足作物生长，在少施氮肥的条件下能够提高土壤无机态氮的高效利用，这也是在此条件下提高产量的关键（易琼等，2010），但是土壤高浓度氮对豆科作物固氮有一定的抑制作用。周卫军等（2003）对 9 年不同施肥处理的定位试验研究发现，稻田系统长期不施肥，土壤碱解氮含量及供氮能力均下降。

土壤氮矿化与土壤微生物种类和数量密切相关，因此影响土壤微生物的环境因子都会间接影响土壤氮矿化（Vitousek，1982），此外，土壤温度和水分能够直接影响土壤生物化学过程，也是影响土壤氮矿化的两个重要因子（朱兆良，1979；Quemada and Cabrera，1997）。在一定条件下，土壤氮矿化速率随着温度、水分含量的升高而升高，主要原因就是温度、水分直接影响土壤微生物群落活性（巨晓棠和李生秀，1998），并且研究发现，当土壤湿度是田间最大持水量的60%～80%时最适于微生物群落活动（张金波和宋长春，2004），当土壤含水量超过临界范围后，土壤氮矿化速率又会降低（刘宾，2006），而土壤含水量的波动对促进土壤氮的矿化具有重要影响（陈印平等，2005；周才平和欧阳华，2001）。

土壤有机质和有机氮含量是影响土壤氮矿化量的最主要因素（徐明岗等，2002），土壤有机质含量越高，其有机氮矿化潜力越大，主要是因为土壤有机质含量越高，土壤微生物群落活性越强，微生物促进了土壤有机氮的矿化；并且土壤微生物量随季节变化而改变，从而反过来影响土壤氮矿化速率。

微生物的种类对土壤氮矿化影响很大，主要是因为土壤动物、微生物在其活动、取食及自身代谢过程中以土壤有机质为能源及养分来源，最终起到了对土壤有机氮的分解和矿化作用。不同微生物对有机氮的降解能力存在差异，资料显示，真菌主要降解地表有机氮，细菌主要降解埋入土壤中的有机氮，而腐生真菌对氮的固化起主要作用，固化量可达 86%（Beare et al.，1992）。如果去除土壤中的真菌和细菌，则有机氮降解速率分别降低约 36% 和 25%。

不同质地土壤其水、气、热状况方面存在显著差异，因此，土壤质地对氮矿化过程具有显著的影响。土壤碳、氮含量均随土壤粒径的增大而逐渐减少（Groffman et al.，1996），土壤碳氮比（C/N）反映土壤有机质矿化过程的难易程度，C/N 一般随着土壤粒径的增加而逐渐增大。此外，土壤 C/N 在影响土壤易矿化氮的矿化量的同时还影响难矿化氮的矿化速率（王岩等，2000），并且土壤氮矿化强度及矿化量随着土层厚度加深而下降，而土壤有机质含量的多少是造成不同层次土壤氮矿化速率差异的根本因素（Berendse，1990；Paul et al.，2001）。较高的土壤矿质氮初始值限制了土壤氮矿化速率，因此培养期间矿质氮产量与培养前的土壤矿质氮含量呈负相关，而 pH 升高增加土壤有机质的可溶解性，为微生物群落的生命活动提供了丰富的营养，从而促进了土壤氮矿化（Curtin et al.，1998；Mladenoff，1987）。

一、长期有机无机肥配施稻田土壤氮矿化参数

土壤氮矿化势（N_0）是表示土壤供氮潜力大小的参数。拟合结果（表 4.1）表明，经过 30 年不同施肥处理后土壤氮矿化势差异显著，施用有机肥与不施加有机肥处理间 N_0 差异达 5%显著水平，不同施肥处理 N_0 大小顺序为 NPKM>M>NPK>CK。与 CK 相比，NPKM、M 处理 N_0 显著提高 50.3%、47.6%，NPK 处理 N_0 提高 11.9%，该结果说明施加有机肥能够显著提高土壤的供氮潜力。土壤氮矿化速率（k_0）是衡量土壤有机氮矿化快慢的参数。由表 4.1 可见，不同施肥处理间土壤氮矿化速率差异也很明显，除单施无机肥与有机无机肥配施没有差异外，其他处理间 k_0 差异达 5%显著水平。不同施肥处理 k_0 值的大小排列顺序为 M>NPK>NPKM>CK，与 CK 相比，M、NPKM、NPK 处理 k_0 显著提高 22.1%、5.1%、5.3%，该结果说明单施有机肥能够显著提高土壤的供氮速率。土壤有机氮品质（N_0/N_T）是指单位质量的有机氮能够矿化为无机氮的数量，由表 4.1 可见，施加有机肥与不施加有机肥土壤中有机氮品质在 5%水平下有显著差异，不同施肥处理 N_0/N_T 值的大小排列顺序为 M>NPKM>CK>NPK，与 CK 相比，M、NPKM 处理 N_0/N_T 显著提高 31.3%、25.3%，这说明单施有机肥及有机无机肥配施能够显著提高土壤有机氮品质。土壤氮矿化综合参数（$N_0·k_0$）是结合氮矿化潜力和矿化速率来反映土壤供氮能力的综合指标，由表 4.1 可见，不同施肥处理间土壤氮矿化综合参数差异达 5%显著水平，不同施肥处理 $N_0·k_0$ 值的大小排列顺序为 M>NPKM> NPK>CK，与 CK 相比，M、NPKM、NPK 处理 $N_0·k_0$ 显著提高 77.7%、55.6%、16.1%，这说明施肥处理能够显著提高土壤的综合供氮能力。

表 4.1　不同施肥处理 30 年土壤氮矿化综合参数

处理	N_0（mg/kg）	k_0（d）	r	$N_0·k_0$ [mg/（kg·d）]	N_0/N_T（mg/g）
M	149.41±2.08a	0.0458±0.0007a	0.9931[**]	6.84±0.11a	79.76±2.11a
NPKM	152.13±2.13a	0.0394±0.0009b	0.9831[**]	5.99±0.09b	76.14±1.95a
NPK	113.23±2.61b	0.0395±0.0007b	0.9918[**]	4.47±0.12c	58.46±1.68b
CK	101.22±1.86c	0.0375±0.0008c	0.9929[**]	3.85±0.08d	60.76±2.02b

注：不同小写字母表示 0.05 水平差异显著（$P<0.05$）。**表示显著水平 $P<0.01$。下同

二、长期有机无机肥配施稻田土壤氮矿化参数的演变特征

1982～2012 年不同施肥 30 年，每间隔 6 年测定一次土壤氮矿化量，对施肥时间（年）与土壤氮矿化参数进行线性回归分析，回归方程 $Y=kx+b$，k 为氮矿化参数的年变化率，其正负号表示正负增长，R^2 为线性方程决定系数。表 4.2 显示，M、NPKM、NPK 处理土壤氮矿化参数与施肥时间（年）呈（极）显著线性正相

关关系，CK 处理氮矿化参数线性关系不显著，但均呈上升趋势。其中 M、NPKM 处理 N_0 的提高速度是 NPK 的 2.37 倍、2.08 倍，说明增施有机肥能够明显提高土壤氮矿化潜力；NPKM、NPK 处理 k_0 的提高速度相当，M 处理 k_0 的提高速度是 NPKM、NPK 处理的 1.13 倍，说明单施有机肥能够明显提高土壤氮矿化速率；M、NPKM 处理 $N_0 \cdot k_0$ 的提高速度是 NPK 的 1.76 倍、1.54 倍，说明增施有机肥能够明显提高土壤氮矿化综合能力；M、NPKM 处理 N_0 / N_T 的提高速度是 NPK 的 1.27 倍、1.64 倍，说明增施有机肥能够明显提高土壤有机氮品质。

表 4.2　不同施肥处理时间（年）与土壤 N 矿化参数的线性回归分析

处理	N_0		k_0		$N_0 \cdot k_0$		N_0 / N_T	
	R^2	k	R^2	k	R^2	k	R^2	k
M	0.956**	3.4239	0.8167*	0.0009	0.9121**	0.3435	0.9817**	2.6086
NPKM	0.8308*	3.0105	0.8148*	0.0008	0.9543**	0.3012	0.8817**	3.3532
NPK	0.7243*	1.4472	0.872**	0.0008	0.9573**	0.1953	0.8633**	2.0465
CK	0.2892	1.7135	0.3636	0.0004	0.8301	0.121	0.5156	1.4088

注：n=15。**表示显著水平 $P<0.01$；*表示显著水平 $P<0.05$；下同

　　稻田土壤氮矿化势（N_0）、土壤氮矿化速率（k_0）、土壤氮矿化综合参数（$N_0 \cdot k_0$）、土壤有机氮品质（N_0 / N_T）是评价土壤氮供应能力的指标，本研究表明，与 CK 相比，长期施用有机肥及有机无机肥配施土壤氮矿化势、土壤氮矿化速率、土壤氮矿化综合参数、土壤有机氮品质显著提高（表 4.1），并且土壤氮矿化能力随着肥料使用时间不断提高（表 4.2）。主要是因为有机肥的使用增加了土壤有机物料的投入，使微生物的活性增强，加速了对土壤有机氮的固持与释放，从而影响土壤氮矿化过程（Tian et al., 2010；Park et al., 2002）；第二个原因是土壤有机质、有机氮含量对土壤氮矿化有着决定性作用（巨晓棠和李生秀，1998），而稻田长期淹水，土壤有机物质分解速度较慢，土壤有机质、有机氮能够累积下来。相比较单施化肥稻田土壤有机氮矿化能力提高较少，但显著高于 CK 处理，并且氮矿化能力随着肥料使用时间也在提高。主要是因为单施化肥降低了土壤的碳氮比，加快了土壤中有机物质的分解，土壤有机质、有机氮累积较慢，但是单施化肥提高了作物生物产量，增加了生物根系有机物投入。

三、长期有机无机肥配施稻田土壤氮矿化参数与土壤养分及产量的相关性

　　对 1982～2012 年每 6 年一次的历史土壤（M、NPKM、NPK、CK 4 个处理）的氮矿化参数与土壤部分养分及产量进行相关分析，表 4.3 表明，土壤 C/N 与土壤氮矿化参数 N_0、k_0、$N_0 \cdot k_0$、N_0 / N_T 均呈显著正相关关系，说明 C/N 高的土壤，不但土壤供氮潜力大，土壤氮矿化速率快，综合供氮能力强，土壤有机氮品质也处于较高的水平，由此可见，土壤 C/N 在预测土壤氮矿化潜力、矿化速率、综合供氮能力及有机氮品质方面都较敏感。研究发现，土壤有机质与土壤氮矿化势（N_0）

及土壤氮矿化综合参数（$N_0 \cdot k_0$）呈极显著正相关关系，并且 N_0 与土壤有机质相关性更加密切，说明土壤有机质含量越高，其土壤氮矿化潜力越大；稻谷产量与 N_0 及 $N_0 \cdot k_0$ 呈（极）显著正相关关系，并且 N_0 与稻谷产量相关性更加密切，说明土壤供氮潜力越高其土壤生产力越高。

表 4.3　土壤氮矿化参数与稻谷产量及土样大量养分相关系数

矿化参数	C/N	稻谷产量	有机质	全氮	碱解氮
N_0	0.3699[*]	0.4339[**]	0.7063[**]	0.1392	0.0059
k_0	0.6872[**]	0.0571	0.1765	−0.0247	−0.1725
$N_0 \cdot k_0$	0.5974[**]	0.2673[*]	0.4984[**]	0.0176	−0.0347
N_0/N_T	0.625[**]	0.0711	0.0603	−0.2166	0.4136[*]

　　土壤氮循环包括微生物矿化和固持作用，这两个过程是同时进行的，并且土壤微生物活性与施入底物的有效性密切相关。土壤的 C/N 既影响着土壤易矿化氮的矿化含量又影响着难矿化氮的矿化速率（王岩等，2000）。本研究表明，长期施肥 C/N 与氮矿化参数正相关，主要是因为 C/N 高，激发了土壤微生物对土壤有机氮的分解能力，使土壤氮矿化势提高（Bruun et al.，2005；Janssen，1996）；土壤有机质、稻谷产量与土壤氮矿化势正相关，是因为土壤有机质和有机氮含量是影响土壤氮矿化量的最主要因素（徐明岗等，2002），土壤无机氮能够很好地反映土壤氮矿化的能力，是一个有效的标准，土壤的矿化过程是碳、氮循环的重要环节。土壤有机质越高，土壤氮矿化能力越强，水稻产量也就越高，土壤碱解氮与土壤氮矿化品质正相关，是因为土壤有机氮品质越高，能够矿化成无机氮的有机氮越多，分解一定量的有机氮矿化出来的矿质氮越多。

　　由表 4.4 可以看出，土壤全氮、碱解氮年均增量随着氮肥施用量的增加而增加，土壤全氮、碱解氮的增加速率与氮肥施用总量均呈极显著正相关关系（$r=0.87^{**}$，$r=0.77^{**}$），且以有机氮肥增加土壤氮含量的效果更明显，土壤全氮、碱解氮含量与有机氮的施用量呈极显著的正相关关系（$r=0.85^{**}$，$r=0.87^{**}$），化学氮肥的施用同样能增加土壤全氮和碱解氮含量，但两者之间的相关系数小（$r=0.48$，$r=0.29$）。说明施有机氮对增加土壤全氮和碱解氮含量更为有效。

表 4.4　长期不同施肥土壤全氮、碱解氮含量与氮肥施用量（1982～2012 年）

处理	全氮年均增量（g/kg）	碱解氮年均增量（mg/kg）	有机氮施用量 [kg/（hm²·a）]	化肥氮施用量 [kg/（hm²·a）]	总施氮量 [kg/（hm²·a）]
M	0.03	1.9	145	0	145
NKM	0.04	2.0	145	145	290
NPM	0.03	1.7	145	145	290
PKM	0.03	2.0	145	0	145
NPKM	0.04	1.9	145	145	290
NPK	0.02	1.2	0	145	145
CK	0	0	0	0	0

第四节 小　　结

1）单施有机肥或有机无机肥配施提高土壤全氮和碱解氮含量的效果比单施化肥好。

2）土壤氮矿化能力与稻谷产量有着显著的相关性，与 CK 相比单施有机肥及有机无机肥配施稻田土壤氮矿化能力显著提高，并随着施肥时间（年）不断提高。稻田土壤配施有机肥能提高土壤氮矿化能力，提高土壤生产力。

3）土壤氮矿化势与施肥时间（年）有着显著的线性关系，在一定时间内土壤氮矿化势仍会不断提高，单施有机肥土壤氮矿化势提高速率最快，但是与有机无机肥配施差异不显著，结合土壤生产力分析，有机无机肥配施是最为理想的施肥模式。

4）土壤有机氮品质是评价土壤有机氮质量的标准，土壤碱解氮含量与有机氮品质显著正相关，可以通过土壤碱解氮的含量预测土壤有机氮品质的高低。土壤C/N 与土壤氮矿化参数显著正相关，C/N 越高微生物对土壤氮矿化的激发作用越强。

第五章 土壤磷养分变化特征

磷是植物生长发育的必需营养元素之一，植物体所需的磷主要是从土壤磷库和磷肥中获得。含磷化肥未被应用于农业以前，土壤中可被植物利用的磷主要来自地壳表层的风化释放，以及成土过程中磷在土壤上层的生物富集（宋春和韩晓增，2009）。目前我国不同类型的土壤中全磷含量在 0.3~1.7 g/kg，有效磷含量在 0.1~228.8 mg/kg，我国南方红壤和红壤性水稻土普遍缺磷（王永壮等，2013）。土壤母质、理化性质、施肥方式和肥料用量是影响农田土壤磷有效性的主要因素（来璐等，2003；赵庆雷等，2009；陈波浪等，2010）。土壤磷缺乏会导致农作物减产，长期施用磷肥后，土壤缺磷现象会有明显改善，但过量累积则会增加土壤磷淋失风险（王少先等，2012）。农业生产中，肥料的施用可以在很大程度上改变土壤含磷量和土壤对作物的供磷能力。通常而言，长期施用化学磷肥或有机肥都能不同程度地提高土壤总磷和有效磷含量，当化肥与有机肥配施时，作用更为明显（潘根兴等，2003；杨学云等，2007）。红壤性水稻土肥料长期定位试验表明，不施磷处理的土壤磷处于耗竭状态，耕层土壤全磷含量持续下降，但耕层以下土层的全磷尚未耗损；连年施磷的土壤耕层全磷含量提高，提高的幅度呈现明显量级关系（黄庆海等，2000）。黑垆土上的长期试验表明，施肥明显改变了耕层土壤养分的含量，氮、磷配施是培肥土壤的有效途径，耕层土壤有效磷含量较不施肥处理提高了147.2%，施用化学磷肥土壤有效磷的增加速率是施有机肥的 11.6 倍（裴瑞娜等，2010）。也有研究发现，氮肥与磷肥在石灰性土壤中配施可显著降低有效磷水平（Wang et al.，2004）。从全国范围看，我国磷平衡表现为整体盈余，同时存在很大的时空变异（冀宏杰等，2015）。Cao 等（2012）研究了我国 7 种典型农业土壤，认为土壤每盈余 100 kg P/hm^2 平均可使土壤有效磷水平提高约 3.1 mg/kg。正因为磷肥利用率低，且磷在土壤中不易移动，长期施肥才导致磷在土壤耕层中大量积累，具有淋失的潜在风险。本章根据长期不同施肥下土壤磷库年际变化、土壤磷表观平衡、土壤有效磷与磷盈亏的关系、磷肥对水稻增产贡献率变化等，探讨了有机磷肥和化学磷肥对土壤磷库及磷利用率影响的差异，明确了红壤性水稻土磷库变化与磷平衡的关系，为磷资源的持续利用和红壤丘陵区双季稻田磷肥的合理施用提供了理论依据。

第一节 土壤全磷演变特征

长期有机无机不同施肥下土壤全磷的时间变化趋势均存在明显差异（图 5.1）。

长期不施肥，土壤全磷含量呈下降趋势，M 和 NKM 处理土壤全磷含量呈略微上升趋势，M 处理的土壤全磷增速约为 4.2 mg/（kg·a）。M、NKM 和 CK 三个处理之间的土壤全磷历年平均含量没有显著差异，但显著低于其他施用化学磷肥的各处理（NPK、NPKM、NPM 和 PKM）（$P<0.05$)，施用化学磷肥的各处理，土壤全磷含量随着试验年限增加而显著增加，NPK、PKM、NPM 和 NPKM 处理土壤全磷含量年增加速率约为 15.4 mg/（kg·a）、16.0 mg/（kg·a）、18.3 mg/（kg·a）和22.9 mg/（kg·a）。说明化学磷肥的施用对保持和提高土壤全磷含量具有重要作用。施用化学磷肥后，土壤全磷呈上升趋势。这与聂军等（2010）的研究结果相似，在红壤性水稻土中，所有长期施磷处理（NP、NPK、NP+稻草和 NPK+稻草）的土壤有效磷含量高于不施磷肥处理（NK、NK+猪粪）。这可能是由于在农业生产中，磷往往成为提高作物产量的限制因子，为了提高作物产量，广泛施用磷肥。但磷肥的当季利用率很低，仅有 10%～20%，甚至更低，其余的则被固定后进入土壤磷库，增加土壤全磷和有效磷含量（Guo et al.，2008）。

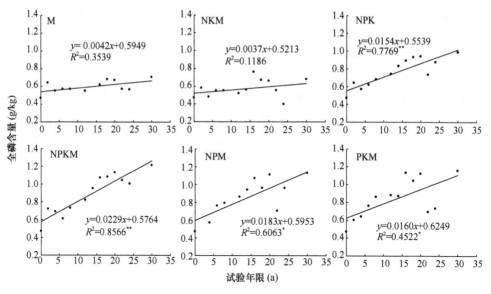

图 5.1　长期试验不同处理土壤全磷含量变化（1982～2012 年）

第二节　土壤有效磷及磷活化系数演变特征

长期不同施肥下土壤有效磷的时间变化趋势呈现明显差异（图 5.2）。不施肥处理（CK），土壤有效磷呈直线下降趋势，每年下降约 0.4 mg/kg。经过 30 年种植，各施肥处理的土壤有效磷含量均呈上升趋势。未施化学磷肥的 M 和 NKM 处理，土壤有效磷含量较试验开始时分别增加 7.6 mg/kg 和 4.7 mg/kg，年增加速率约为 0.2 mg/（kg·a）；NPK 处理，土壤有效磷含量较试验开始时增加 25.0 mg/kg，年增加速率约为 0.8 mg/（kg·a）；化肥和有机肥配施的 NPM、PKM 和 NPKM 处理，土壤有效磷含量较试验开始时分别增加 38.5 mg/kg、44.5 mg/kg 和 43.1 mg/kg，年增加速率约为 1.4 mg/（kg·a）、1.6 mg/（kg·a）和 1.5 mg/（kg·a）。NPM、PKM 和 NPKM 处理历年平均土壤有效磷含量极显著高于 NPK 处理（$P<0.01$），M 和 NKM 处理的土壤有效磷含量极显著低于施用了化学磷肥的处理（$P<0.01$）。表明施磷量的增加和有机无机磷配施的施肥方式能更有效地提高土壤有效磷含量。

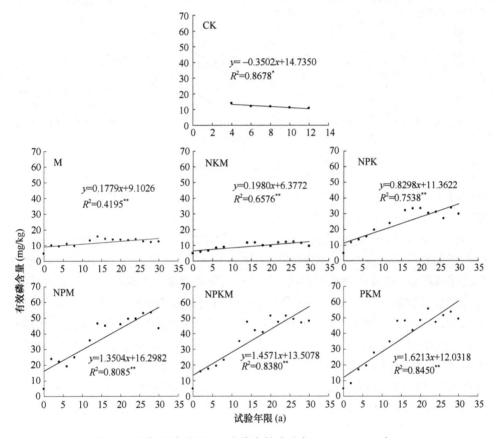

图 5.2　长期试验不同处理土壤有效磷动态（1982～2012 年）

各施肥处理的磷活化系数（PAC）均随着试验时间的延长呈升高趋势（图 5.3）。NPK、M 和 NKM 三个处理的施磷量相同，土壤中磷盈余量相当，没有显著差异，它们的多年 PAC 均值分别为 3.0%、1.9% 和 1.6%，施用化学磷肥（NPK），其 PAC 显著高于不施化学磷肥处理（M 和 NKM）（$P<0.05$），NPK、M 和 NKM 三个处理的 PAC 每 10 年约分别提高 0.8%、0.3% 和 0.3%；NPM、PKM 和 NPKM 三个处理的施磷量相同，它们的多年 PAC 均值分别为 4.3%、4.2% 和 3.8%，处理之间的差异不显著，NPM、PKM 和 NPKM 三个处理的 PAC 每 10 年约分别提高 1.4%、

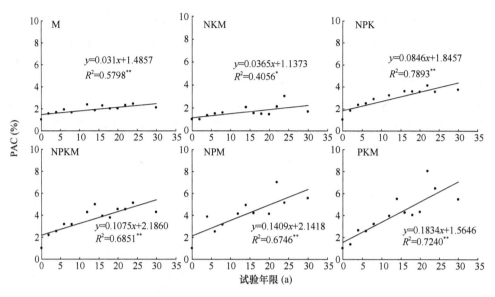

图 5.3　各处理土壤 PAC 变化（1982～2012 年）

1.8%和 1.1%。施用化学磷肥和有机肥处理（NPM、PKM 和 NPKM）的 PAC 均值
和 PAC 增速分别比单施化学磷肥处理（NPK）提高 21.9%～38.5%和 37.5%～
125.0%，NPM 和 PKM 处理的 PAC 显著高于 NPK（$P<0.05$）。施用化学磷肥导致
PAC 增加的原因可能在于，水溶性磷肥施入土壤后，虽然其中一部分很快转化为
难溶性磷形态，难被作物吸收利用，但另一部分被土壤吸附或存在于土壤溶液中，
保持着有效状态，可为当季作物吸收利用（王伯仁等，2005）。同时，有关研究认
为，PAC 低于 2.0%则表明土壤全磷转化率低，有效磷容量和供给强度较小；但 PAC
提高，土壤中高能吸附位点大部分被已施入的磷肥占据，降低了土壤对磷的固定
强度，使得施入土壤中多余的磷肥向水中运移，增加了磷的损失（张英鹏等，2008）。
磷有效性在红壤中的衰减过程存在明显的临界期，施肥量越高临界期越长，磷活
化效率随着磷投入量的增加（有机肥磷和化肥磷同施）而提高，向环境迁移的风
险就越大（魏红安等，2012）。

第三节　土壤无机磷组分演变特征

一、长期有机无机肥配施下土壤无机磷组分含量变化

不同施肥措施下，土壤无机磷总量经过 30 年不同施肥产生明显变化（图 5.4）。
无机磷总量随着施肥年份而显著增加，M、NPK 和 NPKM 的无机磷总量由试验
开始时的 292 mg/kg 分别增加到 378 mg/kg、613 mg/kg 和 801 mg/kg，连续施肥
30 年之后，3 个处理之间无机磷总量呈现显著差异（$P<0.05$），以未施化学磷肥的

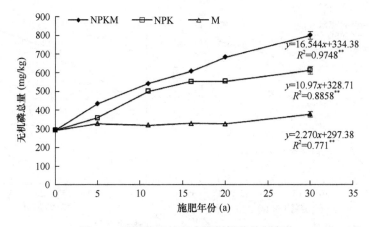

图 5.4　不同施肥处理土壤无机磷总量变化

M 处理增幅最小，30 年增加不到 100 mg/kg，年均增加约 2 mg/kg；施用化学磷肥后（NPK），无机磷总量的年增加速率明显增大，年均增加约 11 mg/kg；化学磷肥和有机肥配施后（NPKM），无机磷总量的年增加速率从试验开始后一直保持最高水平，年均增加约 17 mg/kg。化学磷肥施用相比较施用有机肥，能够显著提高土壤无机磷总量，这与尹金来等（2001）和贾莉洁等（2013）的研究结果一致。

　　无机磷各组分含量均随着施肥年份呈增加趋势，但不同施肥措施下无机磷各组分变化特征有所差异（图 5.5）。不同施肥处理无机磷各组分中以 Fe-P 的年增加速率最快，由试验开始时的 117 mg/kg 增加到 151～379 mg/kg，年均增加 1～8 mg/kg；以 Ca-P 的年增加速率最慢，由试验开始时的 24 mg/kg 增加到 37～85 mg/kg，年均增加 0.3～2.0 mg/kg。

　　不同施肥处理对无机磷组分的影响存在较大差异。不同施肥处理在试验前 5 年对 O-P 和 Ca-P 的影响一致，O-P 含量在试验开始前 5 年基本没有变化，Ca-P 含量由试验开始时的 24 mg/kg 增加到 5 年后的 34～37 mg/kg，5 年之后才逐渐表现出不同施肥之间的差异，而 Al-P 和 Fe-P 在试验开始后即表现出对不同施肥的响应不同。单施有机肥的 M 处理，其无机磷各组分（Al-P、Fe-P、O-P、Ca-P）的变化幅度最小，年增加速率最慢，保持在 0.3～1 mg/kg；单施化肥的 NPK 和化肥有机肥配施的 NPKM 处理，Al-P 和 Fe-P 在试验开始后 10～15 年增加较快，分别由试验开始时的 4 mg/kg 和 117 mg/kg 增加到 71～93 mg/kg 和 240～269 mg/kg，之后增幅趋缓，NPKM 处理的 Al-P 和 Fe-P 含量的年增加速率比 NPK 处理大 1～3 mg/kg，但 NPKM 和 NPK 处理 Ca-P 含量的年增加速率接近，年增加约 2 mg/kg，同时，NPKM 和 NPK 处理 O-P 含量在试验开始后前 15 年变化速率相近，20 年之后，NPKM 处理 O-P 含量的增加幅度才明显高于 NPK 处理。

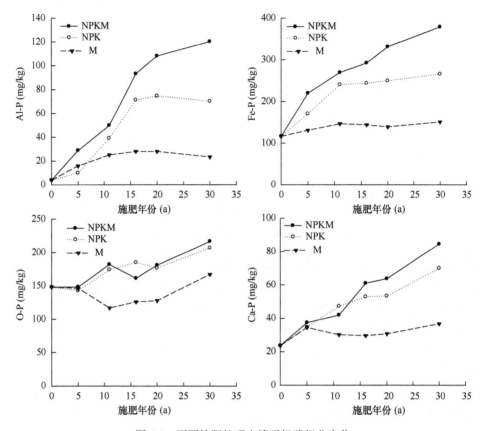

图 5.5　不同施肥处理土壤无机磷组分变化

二、长期有机无机肥配施下土壤无机磷组分占比变化

不同施肥处理下土壤无机磷占全磷的比例波动较小（图 5.6）。30 年不同施肥之后，M、NPK 和 NPKM 处理的土壤无机磷占全磷的比例由试验开始时的 62% 分别变为 54%、62% 和 66%，多年平均值分别为 55%、62% 和 64%，单施化肥的 NPK 处理对土壤无机磷占全磷的比例没有影响，单施有机肥的 M 处理能够降低土壤无机磷占全磷的比例约 7%，化肥和有机肥配施的 NPKM 处理能够增加土壤无机磷占全磷的比例约 2%。无论土壤长期处于磷耗竭还是积累状况，红壤性水稻土无机磷各组分相对比例都是稳定的（黄庆海等，2000）。

长期不同施肥后，无机磷不同组分占无机磷总量的比例发生了明显变化（图 5.7）。30 年不同施肥之后，各处理 Ca-P 占无机磷总量的比例变化最小，由试验开始时的 8% 变为 10%～11%，增幅为 2～3 个百分点。各处理 O-P 占无机磷总量的比例随施肥年份增加而下降，M、NPK 和 NPKM 处理 O-P 占无机磷总量的比例分别由试验开始时的 51% 分别下降到 44%、34% 和 27%，降幅在 7%～24%，以

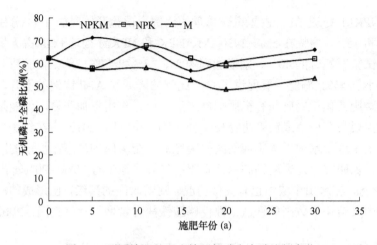

图 5.6　不同施肥处理土壤无机磷占全磷比例变化

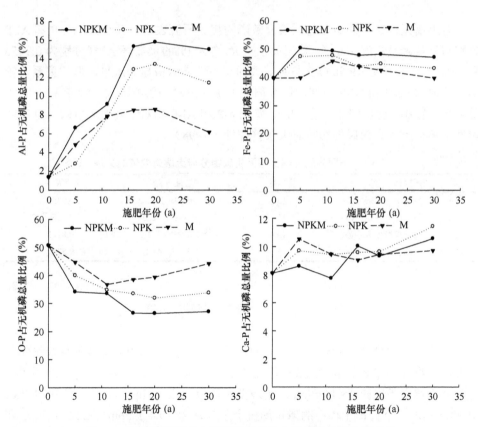

图 5.7　不同施肥处理土壤无机磷组分占无机磷总量比例变化

NPKM 处理降幅最大，年均下降约 0.7%，M 处理降幅最小，年均下降约 0.2%。
各处理 Al-P 和 Fe-P 占无机磷总量的比例均随着施肥年份的增加变化较大，M、

NPK 和 NPKM 处理 Al-P 占无机磷总量的比例由试验开始时的 1.4%分别增加到 6%、11%和 15%，增幅在 5%~14%；M、NPK 和 NPKM 处理 Fe-P 占无机磷总量的比例由试验开始时的 40%分别增加到 40%、43%和 47%，单施化肥或有机肥处理的增幅小于 4%。施肥主要促进了 O-P 比例的降低和 Al-P 比例的上升，尤其是施用化学磷肥或化学磷肥与有机肥配施之后，促进作用更加明显，可能是因为土壤中的磷主要与有机质或铁氧化物相结合（Yang et al.，2012）。在红壤旱地和红壤性水稻土中施用水溶性磷肥或弱酸性磷肥后，肥料磷的形态在很短的时间内迅速被转化，据研究，过磷酸钙和钙镁磷肥在红壤旱地中有 80%~90%转化为 Fe-P 和 Al-P 形态，在水田土壤中也有类似情况。随着时间的延续，已形成的磷酸铝在酸性土壤中又转化形成磷酸铁盐，致使磷酸铁盐含量增加（赵其国，2002）。

三、长期有机无机肥配施下土壤无机磷组分与有效磷关系

对土壤无机磷不同组分与土壤有效磷的相关研究表明（表 5.1），Fe-P 和 Al-P 分别与有效磷呈高度正相关，其相关系数 R^2 均达 1%的极显著水平（分别为 0.9455 和 0.9359），土壤 Ca-P 和 O-P 与有效磷的相关性亦达极显著水平，但相关系数较小。这说明 Fe-P 和 Al-P 对红壤性水稻土土壤有效磷的影响最大，Ca-P 和 O-P 的影响相对较小。这也印证了前人的研究，Fe-P 和 Al-P 相对于其他无机磷组分对红壤性水稻土土壤有效磷的影响更大（鲁如坤，1998）。

表 5.1 不同施肥处理土壤无机磷组分与土壤有效磷的关系

项目	样本数	线性方程	R^2
Fe-P（x）与土壤有效磷（y）	15	$y=0.1784x-14.283$	0.9455[**]
Al-P（x）与土壤有效磷（y）	15	$y=0.39x+5.3226$	0.9359[**]
Ca-P（x）与土壤有效磷（y）	15	$y=0.7599x-10.302$	0.8142[**]
O-P（x）与土壤有效磷（y）	15	$y=0.3955x-41.18$	0.5242[**]

**表示显著水平 $P<0.01$

第四节 土壤磷表观平衡

土壤中磷的盈余量随着施磷量的增加而增加，同一施肥处理磷的盈余量年际的波动较小（图 5.8）。不施肥处理（CK），土壤磷一直处于亏损状态，水稻平均每年从土壤中带走磷 15.4 kg/hm²。在磷投入量为 49 kg/（hm²·a）的情况下，NPK、M 和 NKM 三个处理土壤中的磷年均盈余量分别为 19.4 kg/hm²、22.2 kg/hm² 和 21.1 kg/hm²，分别占磷投入量的 39.5%、45.1%和 42.9%，三个处理之间没有显著差异。在磷投入量为 98 kg/（hm²·a）的情况下，NPM、PKM 和 NPKM 三个处理土壤中的磷年均盈余量分别为 59.8 kg/hm²、68.9 kg/hm² 和 59.6 kg/hm²，分别占磷投入量的 60.8%、70.1%和 60.6%，PKM 处理的磷盈余量显著高于 NPM 和 NPKM

处理（*P*<0.05），较高的磷投入[98 kg/（hm²·a）]和较低的磷投入[49 kg/（hm²·a）]比较，能够显著增加土壤中磷盈余量（*P*<0.05）。

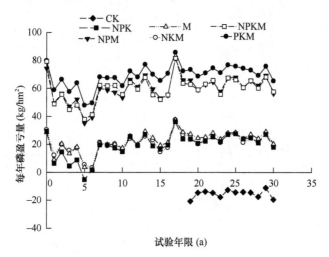

图 5.8　长期试验不同处理土壤磷盈亏变化（1982～2012 年）

CK 处理于 2000 年开始增设

图 5.9 显示了试验开始以来（1982～2012 年），不同施肥处理土壤有效磷变化量与磷累积盈亏量的关系。土壤有效磷的增加量与磷的盈余量均呈显著正相关关系（*P*<0.05），不同处理有效磷变化速率呈现明显差异。不施肥处理（CK），土壤中每亏缺 100 kg P /hm²，其有效磷含量约降低 1.4 mg/kg。连续施肥 30 年，磷投入量相对较低的 NPK、M 和 NKM 三个处理，土壤中累积盈余的磷约分别为 602 kg/hm²、688 kg/hm² 和 653 kg/hm²，当土壤中每盈余 100 kg P /hm² 时，它们的土壤有效磷含量将分别增加约 3.3 mg/kg、0.5 mg/kg 和 0.7 mg/kg；磷投入量相对较高的 NPM、PKM 和 NPKM 三个处理土壤中累积盈余的磷约分别为 1853 kg/hm²、2137 kg/hm² 和 1848 kg/hm²，当土壤中每盈余 100 kg P /hm² 时，它们的土壤有效磷含量将分别增加约 1.9 mg/kg、2.1 mg/kg 和 2.2 mg/kg。由此可见，土壤有效磷的增加速率和土壤磷累积盈余量未呈显著正相关关系。从各施肥处理土壤磷库和磷平衡的动态变化趋势（图 5.9）可以看出，长期不施肥，在连续种植作物情况下，通过作物籽粒和秸秆携出大量磷，导致土壤磷一直亏缺，随着磷亏缺量的不断增加，土壤有效磷和全磷含量也随之降低；其他施磷和有机肥处理，土壤中盈余的磷逐年增加，土壤有效磷含量则随之增加，因为土壤有效磷增加量与土壤磷盈亏呈极显著正相关关系（杨学云等，2007）。在磷投入量相同，土壤中磷盈余量相当的情况下，NPK 处理土壤有效磷年均增长速率却比 M 和 NKM 处理高出 4 倍以上，可能是由于牛粪的碳/磷值较大（约为 360），有研究表明，当有机物的碳/磷≥300 时，其在土壤中分解过程中，会出现有效磷的净固持（张宝贵和李贵桐，1998），从而降低土壤有效磷水平，导致施用化学磷肥比单施有机肥能使土壤增加更多的有

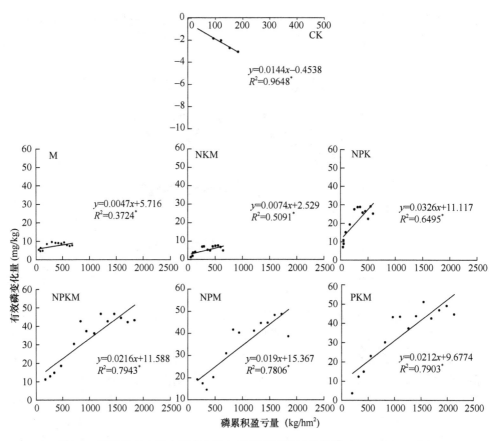

图 5.9 不同处理土壤有效磷变化与磷累积盈亏量的关系（1982～2012 年）

效磷。NPKM 和 NPK 处理相比，因其磷投入量增加 1 倍，导致其土壤中盈余的磷和土壤有效磷含量显著增加。水稻土中磷的盈余量随着磷投入量的增加而增加（Nagumo et al.，2013），伴随着磷盈余量的增加，会增加磷径流或淋溶损失的潜在风险（Zhang et al.，2003），特别是有机无机肥配施的情况下（Wang et al.，2011）。控制磷投入是避免磷持续累积的一个重要措施，有研究综合分析了亚洲 11 个长期试验的结果，表明磷投入在 20～25 kg P/hm² 的情况下，可保持水稻产量在 5000～6000 kg/hm²（Dorbermann et al.，1996）。本研究在磷投入 24.5 kg P/hm²（M、NPK 和 NKM）和 49.0 kg P/hm²（NPM、PKM 和 NPKM）的情况下，30 年水稻单季平均产量分别在 4296～5560 kg/hm² 和 4474～6185 kg/hm²，磷肥的增倍投入没有导致水稻产量的显著提高。

第五节 小 结

1）化学磷肥与有机肥配施相比单施有机肥或化肥，能够显著提高土壤有磷、全磷含量和增加速率（$P<0.05$）。化学磷肥和有机肥配施土壤累积的磷高于单施有机肥，土壤中每盈余 100 kg P/hm^2，M、NKM、NPM、NPKM、PKM 和 NPK 处理土壤有效磷增加量分别为 0.5 mg/kg、0.7 mg/kg、1.9 mg/kg、2.2 mg/kg、2.1 和 3.3 mg/kg。长期不施肥，土壤中每亏缺 100 kg P/hm^2，土壤有效磷下降 1.4 mg/kg。施肥处理的磷活化系数（PAC）均随着试验时间的延长而增加，在土壤中磷盈余量相当的情况下，施用化学磷肥的处理相比单施有机肥能显著提高磷活化系数（$P<0.05$）。长期施用含硫化肥相比较含氯化肥，更有利于促进土壤磷积累。

2）施肥后无机磷总量随着施肥年份而显著增加，NPKM>NPK>M（$P<0.05$），以 M 处理增幅最小；不同施肥处理无机磷各组分中以 Fe-P 的年增加速率最快，年均增加 1～8 mg/kg；以 Ca-P 的年增加速率最慢，年均增加 0.3～2 mg/kg；M 处理，其无机磷各组分的变化幅度最小，年增加速率最慢，保持在 0.3～1 mg/kg；单施化肥的 NPK 和化肥有机肥配施的 NPKM 处理，Al-P 和 Fe-P 在试验开始后 10～15 年增加较快，之后增速趋缓。

3）M、NPK 和 NPKM 处理的土壤无机磷总量占全磷的比例多年平均值分别为 55%、62%和 64%，长期单施化肥的 NPK 处理对土壤无机磷总量占全磷的比例没有影响；施肥主要促进了 O-P 比例的降低，降幅 7%～24%；Al-P 比例的上升，增幅 5%～14%，尤其是施用化学磷肥或化学磷肥与有机肥配施之后，促进作用更加明显。

4）Fe-P 和 Al-P 相对其他无机磷组分（Ca-P 和 O-P）对红壤性水稻土土壤有效磷的影响更大；土壤有效磷含量随着 O-P 占无机磷总量的比例增加而显著降低（$P<0.01$），Ca-P 占无机磷总量的比例与土壤有效磷含量极显著相关。

第六章 土壤钾养分变化特征

钾是植物必需的大量营养元素之一，充足的钾营养对于提高作物产量、改善作物品质具有重要意义。近年来，农产品质量的改善，作物单产水平的提高，复种指数的增加，氮、磷肥用量的加大，以及种植户将作物秸秆作为燃料和家畜饲草或为了易于耕作将其燃烧，均已导致农田生态系统处于负钾平衡状态，土壤缺钾问题越来越严重（唐旭等，2013）。廖育林等（2008）通过在丘陵红黄泥田上的试验研究，指出在每季水稻施 K_2O 112.5 kg/hm^2、150 kg/hm^2 和 187.5 kg/hm^2 条件下，土壤钾平衡出现亏缺。面对我国耕地土壤缺钾问题，如何在达到作物高产的同时维持和提高稻田土壤的钾含量就显得极为重要。

第一节 长期施肥土壤缓效钾的变化

土壤中的钾来源主要为土壤矿物质钾及施入土壤中的钾肥料。在南方红壤地区，土壤矿物钾易于分化而淋失，且作物吸收钾比例也高，往往需要补充钾肥料，以修复土壤中的钾亏损。水田在长期施肥和 30 年的耕作种植影响下，土壤的缓效钾发生明显变化（图 6.1），CK、M、NKM、NPM、NPK、NPKM 和 PKM 的缓效钾含量多年平均值分别为 220 mg/kg、253 mg/kg、264 mg/kg、240 mg/kg、239 mg/kg、265 mg/kg 和 263 mg/kg。除对照不施肥（CK）之外，不同施肥处理土壤缓效钾含量均呈降低趋势，M、NKM、NPM、NPK、NPKM 和 PKM 的缓效钾含量的降低速率分别为 1.1 mg/（kg·a）、2.5 mg/（kg·a）、1.9 mg/（kg·a）、1.4 mg/（kg·a）、1.9 mg/（kg·a）和 2.4 mg/（kg·a），有机无机肥配施情况下缓效钾含量的降低速率

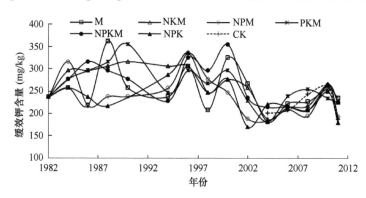

图 6.1 长期有机无机肥配施下土壤缓效钾含量的变化

高于单施化肥或单施有机肥处理。可能是因为有机肥和无机肥配施下水稻产量较单施化肥或有机肥要高，吸收的钾更多，从而促进土壤中缓效钾的转化，使得缓效钾含量的降低速率增加。

第二节　长期施肥土壤速效钾的变化

长期不同施肥对水田土壤速效钾含量的影响见图 6.2。可以看出，以有机肥与化学钾肥配施的处理土壤速效钾的增加最快，单施化学肥料的处理增加最慢。NKM、PKM 和 NPKM 处理与 NPK 相比，土壤速效钾含量分别增加了 43 mg/kg、40 mg/kg 和 36 mg/kg，增幅分别达 26.1%、24.1% 和 22.0%，显著高于 NPM 和 NPK 处理（$P<0.05$）；M 和 NPM 处理比 NPK 处理的土壤速效钾含量分别增加了 25 mg/kg 和 8 mg/kg，M 处理的历年平均土壤速效钾含量显著高于 NPK（$P<0.05$），可见长期单施有机肥（M）比单施化肥（NPK）仍能有效增加土壤速效钾含量，说明施有机肥可减少化学钾肥的投入，节约农业生产成本。有机肥和化学钾肥配施，或单施有机肥对于增加土壤速效钾含量的效果要好于单施化肥，可能是由于有机肥中的钾元素有效转化率高于化学钾肥，与水溶性化学钾肥相比，有机肥中的速效钾和缓效钾被土壤固定的程度明显降低，故在土壤中的有效性较高（周晓芬等，2003）。

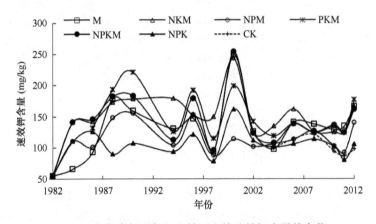

图 6.2　长期有机无机肥配施下土壤速效钾含量的变化

第三节　长期施肥土壤钾表观平衡

土壤养分平衡是作物高产稳产的基础，从各处理年均钾养分收支情况可以看出（表 6.1），施肥和作物吸收的差异导致土壤中钾收支不同。无论施钾与否，各处理土壤钾均表现明显的亏缺，和不施肥相比较，钾肥的施用加速了土壤中钾的消耗，施肥处理平均每年亏缺钾 160.7～218.0 kg/hm²。

表 6.1　不同施肥处理土壤钾表观平衡　　　　　（单位：kg/hm²）

处理	K₂O		
	施入量	移除量	收支
PKM	67.6	240.9	−173.3
NKM	67.6	263.7	−196.1
NPM	33.8	231.7	−197.9
M	33.8	194.5	−160.7
NPK	33.8	251.8	−218.0
NPKM	67.6	268.2	−200.6
CK	0.0	85.5	−85.5

表 6.2 显示，不同施肥处理，红壤水稻土速效钾年均增量随着总施钾量的增加而增加（$r=0.94^{**}$），且以施有机钾肥的处理增加的效果更明显，土壤速效钾年均增量与有机钾的施用量呈极显著的正相关关系（$r=0.84^{**}$），施化肥钾同样能增加土壤速效钾含量，但两者之间无明显的相关性（$r=0.57$）。说明施有机肥对增加土壤速效钾含量的效果更显著。

表 6.2　长期不同施肥土壤速效钾年均增量与钾肥施用量（1982～2012 年）

处理	速效钾年均增量 （mg/kg）	有机钾施用量 [kg/（hm²·a）]	化肥钾施用量 [kg/（hm²·a）]	总施钾量 [kg/（hm²·a）]
M	2.56	33.8	0	33.8
NKM	3.12	33.8	33.8	67.6
NPM	1.94	33.8	0	33.8
PKM	3.04	33.8	33.8	67.6
NPKM	2.89	33.8	33.8	67.6
NPK	1.64	0	33.8	33.8
CK	0.34	0	0	0

第四节　小　　结

长期有机肥和无机肥配施能够显著增加土壤速效钾和缓效钾含量，长期单施有机肥（M）比单施化肥（NPK）仍能有效增加土壤速效钾含量，说明施有机肥可减少化学钾肥的投入，节约农业生产成本。但无论施钾与否，长期施肥后土壤钾均表现明显的亏缺，和不施肥相比较，钾肥的施用加速了土壤中钾的消耗，施肥处理平均每年亏缺钾 160.7～218.0 kg/hm²。

第七章 稻田生物多样性演变规律

土壤养分是土壤微生物生存的物质基础，其丰富度和成分决定了微生物的特性（靳正忠等，2008）。在一定程度上，微生物特性的相关指标比土壤理化性质更能反映土壤质量变化。林新坚等（2013）研究表明，土壤施肥均能不同程度地增强土壤微生物特性，并证实了微生物数量大小对微生物群落结构的影响大于对酶活性功能的影响。近年来，土壤微生物生物量、土壤酶活性及土壤微生物群落组成等微生物特性已成为土壤健康的生物指标的研究热点，并用来指导土壤生态系统的管理。

杂草是农田生态系统的重要组成部分，对保持农田生态系统的平衡与稳定发挥着重要作用（林新坚等，2012；沈浦等，2011）。过去，人们一直努力将杂草从农业生态系统中清除出去，但近年来，保护农业生产区域中杂草等野生植物的多样性，以及发挥其在维持生态平衡中的作用逐渐为人们所重视，并不断引导人们对田间杂草管理策略进行新的思考（Fried et al.，2009）。杂草管理的目的应该是降低杂草对作物产量的影响，并保持一定可控制杂草的生物多样性，施肥能对稻田杂草群落产生显著影响（Yin et al.，2006，2005）。在不同施肥模式下并经过多年栽培后，不同稻作模式的稻田各自已形成相对稳定的优势杂草群落，这可能在不同养分和生态环境下，有不同的杂草种类与其相适应。李昌新等（2009）研究表明，秸秆还田和有机肥施用对冬闲田冬春季杂草群落的调控效应显著，而且效应的强弱与施用时期和方式密切相关。李儒海等（2008）研究表明，单施化肥（平衡施用 N、P、K 肥），化肥配施猪粪，化肥配施夏季、秋季和全年秸秆处理均能显著改变田间杂草群落的组成，改变某些杂草在群落中的优势地位，从而抑制其发生危害程度。黄爱军等（2009）研究表明，通过合理施肥和秸秆还田措施，可以对稻油复种模式中春季杂草群落进行有效调控。

第一节 红壤稻田微生物学特征

一、土壤微生物碳、氮、磷变化规律

表 7.1 显示了长期不同施肥处理下土壤微生物量碳（SMBC）、微生物量氮（SMBN）、微生物量磷（SMBP）含量变化。SMBC 含量与有机肥的施用密切相关，长期不同施肥处理下 SMBC 含量的变幅为 372.26～849.08 mg/kg；SMBN 含量趋势与有机肥和氮肥的施用密切相关，SMBN 含量的变幅为 46.60～82.63 mg/kg；

表 7.1　长期不同施肥对土壤微生物量碳、微生物量氮、微生物量磷的影响（0~20 cm）（2012 年）

处理	微生物量碳 （mg/kg）	微生物量氮 （mg/kg）	微生物量磷 （mg/kg）
M	717.60±28.91b	64.81±7.53bc	19.34±1.13cd
NPKM	849.08±27.09a	82.63±1.45a	27.30±0.44a
NPK	535.42±15.06c	51.75±2.34cd	17.40±1.13f
NKM	739.77±20.17b	68.31±7.88abc	15.07±2.01e
NPM	801.55±19.21ab	71.81±4.69ab	21.15±1.70c
PKM	767.53±14.70ab	77.06±5.42ab	27.08±1.32ab
CK	372.26±17.84d	46.60±2.05d	10.21±0.69g

注：同一列中的不同字母表示差异达显著水平（$P<5\%$）。多重比较采用 Duncan 新复极差法

SMBP 含量趋势与肥料种类，尤其是肥料中磷含量的多少密切相关，SMBP 含量的变幅为 10.21~27.30 mg/kg。M、NPKM、NPK、NKM、NPM、PKM 处理的 SMBC 含量、SMBN 含量及 SMBP 含量高出 CK 处理的比率依次分别为 92.8%、128.1%、43.8%、98.7%、115.3%、106.2%和 39.1%、77.3%、11.0%、46.6%、54.1%、65.3% 及 89.5%、167.4%、70.4%、47.6%、107.2%、165.3%。

由表 7.1 可以看出，各微生物量含量中，NPKM 与 PKM 处理间及 M 和 NPM 处理间差异都不显著；各微生物量含量均以 CK 处理为最低，其次是 NPK 处理，最高的是 NPKM 处理，单施有机肥的微生物量含量要高于单施化肥的，这说明长期施用化肥对土壤质量的提升是不利的，有机无机肥的配施在一定程度上能够提高土壤养分的库容，尤以有机无机肥均衡配施库增量最大，其承载养分的能力也较高，土壤微生物量较高，土壤肥力也就相对较高。

土壤微生物熵（qMB），即土壤微生物量碳占土壤有机碳百分比率（SMBC/SOC），比 SOC 和 SMBC 更能有效反映土壤质量变化。土壤中微生物熵值一般为 1%~4%。由表 7.2 可以看出，不同施肥处理土壤 qMB 为 4.80%~7.76%。长期施肥处理的土壤 qMB 显著高于 CK 处理，这可能是因为施肥能提高微生物数量和活性，改善土壤生态环境。

微生物量氮与土壤全氮的百分比（SMBN/TN）可反映土壤有效养分供应水平及微生物群落生长代谢状况（徐阳春等，2002）。表 7.2 显示，长期不同施肥下土壤 SMBN/TN 变幅为 2.92%~7.68%。各处理中，NPK 和 CK 处理的土壤 SMBN/TN 最低，NPKM 处理的最高，两者差异显著，这说明，长期单施化肥对土壤质量提升效果较差，不利于微生物生长代谢，单施有机肥要优于单施化肥，有机无机肥配施效果较好，尤以有机无机肥均衡配施效果最好。

土壤微生物量碳与土壤微生物量氮之比（SMBC/SMBN）可反映微生物群落结构信息和微生物群落结构的显著变化，以及土壤微生物生命活动中基本营养环境的满足程度，是土壤中氮元素长期储存的营养库，这也可能是微生物量较高的

表 7.2 长期施肥对土壤 *qMB*、SMBN 占 TN 百分比、SMBC/SMBN 和 SMBP
占 TP 百分比的影响

处理	微生物熵（*qMB*）（%）	SMBN/TN（%）	SMBC/SMBN	SMBP/TP（%）
M	7.52±0.17d	7.04±0.09c	10.30±0.97ab	2.21±0.33a
NPKM	4.80±0.18a	7.68±0.12a	10.17±0.41ab	2.28±0.01a
NPK	7.40±0.14d	2.93±0.08c	10.52±0.85ab	1.44±0.13c
NKM	7.76±0.18c	7.15±0.04bc	10.89±1.03a	2.12±0.33b
NPM	4.32±0.15b	7.26±0.11b	10.51±0.41a	1.87±0.12b
PKM	7.72±0.04c	7.06±0.06bc	10.21±0.79ab	2.14±0.26b
CK	7.08±0.07e	2.92±0.04c	8.12±0.76c	1.30±0.36d

注：平均值±标准差，同一列不同处理的不同字母表示差异达 5%显著水平（*P*<0.05）。多重比较采用 Duncan
新复极极差法

首要原因（Wardle，1998）。SMBC/SMBN 为 8.12～10.89，平均为 10.10（表 7.2），
SMBC/SMBN 较土壤 C/N（8.29～9.80）高，说明稻田的施肥量还有待增加，土壤
肥力还有待进一步提升，这也进一步说明了土壤微生物量氮作为植物氮储备库的
重要性，从另一角度支持了徐阳春等（2002）的研究结果。施肥降低了土壤
SMBC/SMBN，NPKM 处理最低，且施肥处理间差异都不显著，与 CK 间差异显
著；M 处理的 SMBC/SMBN 低于 NPK 处理，这说明了在农业生产中有机肥施用
的重要性。

微生物量磷与土壤全磷的百分比（SMBP/TP）可反映土壤全磷利用率，并能
体现出土壤有效磷的供应水平及土壤微生物菌群生长代谢状况。由表 7.2 可知，
土壤 SMBP/TP 变幅为 1.30%～2.28%，土壤 SMBP/TP 可分为三个层次，较高层
次的是 NPKM 处理，这表明，当有机无机肥均衡配施时，磷的利用率最高；中
间层次的是 M、NPM、NKM 和 PKM 处理，这表明，在施用有机肥改善红壤生
态环境时，磷肥缺乏时磷的利用率较高，同时，不均衡施肥也是磷利用率低下
的原因；较低层次的是 NPK 和 CK 处理，这表明，NPK 和 CK 处理下红壤生态
环境日益恶化，微生物生长受到抑制，磷利用率低下，也说明了施用有机肥能
改善土壤生态环境。

二、施肥对土壤酶活性的影响

土壤酶的活性决定了土壤生化反应的强度，酶的种类决定了生化反应的方向。
土壤酶活性在一定程度上能反映土壤肥力状况，有学者建议将过氧化氢酶、脲酶、
蔗糖酶、酸性磷酸酶等酶活性作为土壤肥力的评价指标（周礼恺，1987）。

(一) 蛋白酶

蛋白酶是水解蛋白质肽键的一类酶的总称。土壤蛋白酶活性与土壤有机氮化物的分解相关，在一定程度上反映了土壤氮营养状况（李文革等，2006）。图 7.1 表明，长期不同施肥处理对土壤蛋白酶活性有着显著影响。各施肥处理中，NPKM 处理蛋白酶活性最高，其次是 M 处理，两者差异不显著，NPK 处理活性最低，但与 NKM、NPM、PKM 处理差异不显著；M、NPKM、NPK、NKM、NPM、PKM 处理蛋白酶活性比 CK 分别高出 49.3%、59.5%、24.4%、31.2%、29.6%、37.0%；单施有机肥比单施化肥能显著提高土壤蛋白酶活性，有机肥均衡配施无机化肥效果最好。

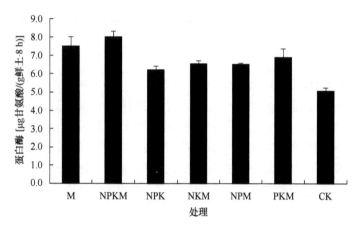

图 7.1　长期不同施肥对土壤蛋白酶活性的影响

(二) 脲酶

脲酶能分解有机物，促其水解成 NH_3 和 CO_2。土壤脲酶可加速土壤中潜在养分的有效性，其活性可以作为衡量土壤肥力的指标之一，并能部分反映土壤生产力（李文革等，2006）。长期不同施肥处理对土壤脲酶活性影响显著（图 7.2）。各施肥处理中，NPKM 处理脲酶活性最高，NPK 处理活性最低，两者差异显著；M、NPKM、NPK、NKM、NPM、PKM 处理的脲酶活性比 CK 依次高出 10.2%、19.1%、4.8%、16.6%、11.9%、15.2%；单施有机肥比单施化肥能显著提高土壤脲酶活性，有机肥均衡配施无机化肥效果最好。

(三) 酸性磷酸酶

土壤酸性磷酸酶是一类催化土壤有机磷化合物矿化的酶，其活性高低直接影响着土壤中有机磷的分解转化及其生物有效性，酶促作用产物——有效磷是植物磷营养源之一（李文革等，2006）。由图 7.3 可知，长期不同施肥处理对土壤酸性磷酸酶活性影响显著。各施肥处理中，NPKM 处理的酸性磷酸酶活性最高，其次

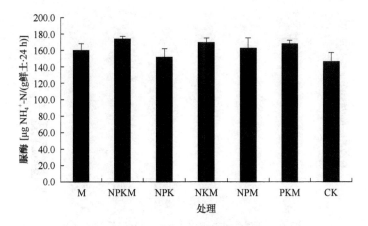

图 7.2　长期不同施肥对土壤脲酶活性的影响

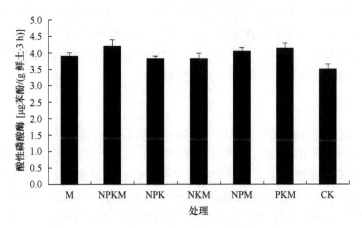

图 7.3　长期不同施肥对土壤酸性磷酸酶活性的影响

是 PKM 处理，两者差异不显著，NKM 处理活性最低，其次是 NPK 处理，两者差异不显著，且与 M 和 NPM 处理差异都不显著；M、NPKM、NPK、NKM、NPM、PKM 处理酸性磷酸酶活性比 CK 分别高出 11.1%、19.7%、9.5%、9.2%、16.1%、19.6%；NKM 处理中磷含量较少，通过水稻的吸收后，土壤磷残留量已非常少，致使土壤酸性磷酸酶活性降低，这说明土壤酸性磷酸酶活性与土壤磷含量的正相关性较好；单施有机肥比单施化肥能显著提高土壤酸性磷酸酶活性，有机肥均衡配施无机化肥效果最好。

（四）纤维素酶

纤维素酶可作为表征土壤碳循环速度的重要指标。图 7.4 显示了长期不同施肥处理下土壤纤维素酶的显著变化。各施肥处理中，M 处理的土壤纤维素酶活性最高，但与 NPKM、NKM、NPM、PKM 处理差异不显著，NPK 处理的最低，与其他施肥处理差异显著；M、NPKM、NPK、NKM、NPM、PKM 处理纤维素酶

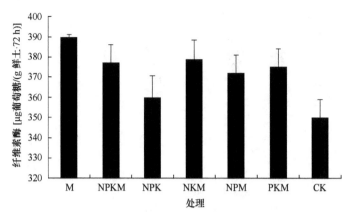

图 7.4 长期不同施肥对土壤纤维素酶活性的影响

活性比 CK 分别高出 11.3%、7.7%、2.8%、8.2%、6.3%、7.1%；施用了有机肥处理的土壤纤维素酶活性显著高于施用化肥的，说明有机肥的施用与土壤纤维素酶活性呈一定的正相关性，单施有机肥的土壤纤维素酶活性高于有机无机肥配施的，这可能与有机肥施用后纤维素的分解程度有关。

（五）蔗糖酶

土壤蔗糖酶能催化蔗糖水解为葡萄糖。蔗糖酶与土壤的肥力关系密切，其含量的增加有利于土壤中有机质的转化，有利于土壤肥力的改善和提高（李文革等，2006）。长期不同施肥对土壤蔗糖酶活性的变化起到了显著作用（图 7.5）。各施肥处理中，NPKM 处理的土壤蔗糖酶活性最高，与 M 和 NKM 处理差异不显著，NPK 处理的最低，与 NPM 和 PKM 处理差异都不显著；M、NPKM、NPK、NKM、NPM、PKM 处理蔗糖酶活性比 CK 分别高出 52.3%、56.4%、18.8%、44.2%、22.3%、26.9%；单施有机肥比单施化肥能显著提高土壤蔗糖酶活性，有机肥均衡配施无机化肥效果最好。

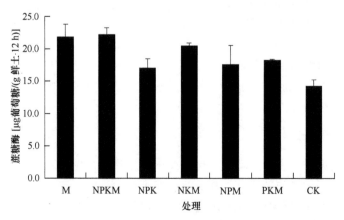

图 7.5 长期不同施肥对土壤蔗糖酶活性的影响

（六）过氧化氢酶

土壤过氧化氢酶主要催化水解土壤中的过氧化氢。土壤过氧化氢酶在有机质氧化和腐殖质形成过程中起着重要作用，其活性可表示土壤氧化过程的强度，能表征土壤腐殖质化强度大小和有机质累积程度（李文革等，2006）。土壤过氧化氢酶活性在长期不同施肥处理下变化显著（图7.6）。各施肥处理中，NPKM 处理的土壤过氧化氢酶活性最高，但与 M、NPM、PKM 处理差异不显著，NPK 处理的最低，与 NKM 处理差异不显著；M、NPKM、NPK、NKM、NPM、PKM 处理过氧化氢酶活性比 CK 分别高出 80.4%、105.2%、39.7%、40.2%、77.2%、86.9%；单施有机肥比单施化肥能显著提高土壤过氧化氢酶活性，NKM 处理中可能由于氮充分，磷缺乏，致使养分吸收失调，从而影响了土壤过氧化氢酶活性，有机肥均衡配施无机化肥效果最好。

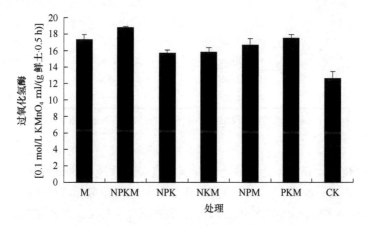

图 7.6 长期不同施肥对土壤过氧化氢酶活性的影响

施肥能提高水稻土蛋白酶、脲酶、酸性磷酸酶、蔗糖酶、纤维素酶、过氧化氢酶活性，单施或配施有机肥效果优于单施无机化肥，M 处理增强纤维素酶活性的效果最佳，其他的酶活性以 NPKM 处理效果最佳，这可能与 M 处理有机质分解较慢、纤维素残留较多有关；长期不同施肥后土壤养分和土壤酶活性间的相关性主要由养分中的有机碳、全氮、易氧化有机碳、碱解氮引起，可见，碳和氮与土壤酶活性关系也较密切。

三、施肥对微生物种群与数量的影响

采用传统平板培养法对早稻和晚稻收获期各处理的土壤可培养活菌数进行测定。由表 7.3 可以看出，早稻和晚稻收获期各施肥处理中，NPKM 处理的土壤细菌数量显著高于其他处理，M 处理的土壤真菌和放线菌数量最高，显著高于其他处理，其次是 NPKM 处理；NPK 处理的土壤细菌和真菌数量最低，PKM 处理的土壤放线菌数量最低，其次是 NPK 处理。

表 7.3　长期不同施肥对土壤可培养微生物种群数量的影响

季别	处理	细菌 （×10⁵ CFU/g 鲜土）	真菌 （×10² CFU/g 鲜土）	放线菌 （×10³ CFU/g 鲜土）
早稻	M	46.7±6.59bc	45.3±11.00a	102.3±4.82a
	NPKM	67.1±5.11a	32.0±0.75b	97.9±0.88b
	NPK	39.9±0.14cd	11.8±0.87cd	81.4±7.06c
	NKM	47.5±7.26b	18.2±1.88c	82.7±1.84c
	NPM	47.7±2.38b	28.7±1.38b	81.8±4.38c
	PKM	50.5±2.38b	28.8±7.46b	79.6±1.44c
	CK	34.8±4.64d	5.0±1.15d	77.4±2.75d
晚稻	M	41.0±6.01b	54.1±17.20a	118.7±5.06a
	NPKM	57.3±4.33a	38.3±0.87b	101.8±1.32b
	NPK	37.8±1.73c	17.3±0.66cd	88.1±7.50c
	NKM	40.8±7.12b	21.3±2.18c	89.6±1.53c
	NPM	41.2±2.45b	32.3±7.15b	88.6±4.14c
	PKM	44.4±2.18b	35.3±0.95b	86.4±1.61c
	CK	29.1±4.25c	5.1±0.95d	77.8±1.50d

注：平均值±标准差，同一水稻季别不同处理的不同字母表示差异达5%显著水平（$P<0.05$）。多重比较采用 Duncan 新复极差法

　　早稻和晚稻收获期各处理的土壤细菌、真菌和放线菌数量的变化趋势一致，早稻各处理的细菌数量相应高于晚稻，真菌和放线菌数量相应低于晚稻；早稻 M、NPKM、NPK、NKM、NPM、PKM 处理的土壤细菌数量比 CK 处理依次高出 34.2%、92.8%、14.6%、36.5%、37.1%、45.1%，真菌数量依次高出 806.0%、540.0%、136.0%、264.0%、474.0%、476.0%，放线菌数量依次高出 32.2%、26.5%、5.2%、6.8%、5.7%、2.8%；晚稻 M、NPKM、NPK、NKM、NPM、PKM 处理的土壤细菌数量比 CK 处理依次高出 40.9%、96.9%、29.9%、40.2%、41.6%、52.6%，真菌数量依次高出 967.8%、651.0%、239.2%、317.6%、533.3%、592.2%，放线菌数量依次高出 52.6%、30.8%、13.2%、15.2%、13.9%、11.1%。

　　真菌、细菌和放线菌是土壤中的三大微生物类群，是土壤微生物主要生物量的构成部分，它们的数量变化和区系组成能反映出土壤的生物活性水平（袁龙刚和张军林，2006）。由表 7.4 可以看出，早稻和晚稻中 NPKM 处理的总菌数最高，其次是 PKM 处理，CK 处理的总菌数最低，其次是 NPK 处理，说明长期施肥可增加土壤微生物数量，单施有机肥或有机无机肥配施效果显著高于单施化肥，有机无机肥均衡配施效果最佳；早稻和晚稻 M、NPKM、NPK、NKM、NPM、PKM 处理的土壤可培养微生物总量比 CK 处理依次分别高出 33.9%、79.7%、14.3%、35.5%、36.2%、44.0%和 41.4%、95.4%、16.0%、39.5%、41.0%、51.9%。以上结

表 7.4　长期不同施肥处理中土壤可培养微生物三大菌群区系

季别	处理	M		NPKM		NPK		NKM		NPM		PKM		CK	
		平均（×10³ CFU/g 鲜土）	百分比（%）	平均（×10³ CFU/g 鲜土）	百分比（%）	平均（×10³ CFU/g 鲜土）	百分比（%）	平均（×10³ CFU/g 鲜土）	百分比（%）	平均（×10³ CFU/g 鲜土）	百分比（%）	平均（×10³ CFU/g 鲜土）	百分比（%）	平均（×10³ CFU/g 鲜土）	百分比（%）
早稻	细菌	4666.7	97.76	6308.3	98.36	3991.7	97.97	4746.7	98.25	4770.0	98.26	5050.0	98.39	3487.3	97.82
	真菌	4.5	0.09	7.2	0.11	1.2	0.03	1.8	0.04	2.9	0.06	2.9	0.06	0.5	0.01
	放线菌	102.3	2.14	97.9	1.53	81.4	2.00	82.7	1.71	81.8	1.68	79.6	1.55	77.4	2.17
	总数	4773.5	1.00	6413.4	1.00	4074.3	1.00	4831.2	1.00	4854.7	1.00	5132.5	1.00	3565.2	1.00
晚稻	细菌	4100.0	97.06	5725.0	98.12	3375.0	97.42	4075.0	97.80	4116.7	97.73	4441.7	97.93	2908.3	97.38
	真菌	5.4	0.13	7.8	0.13	1.3	0.04	2.1	0.05	7.2	0.17	7.5	0.17	0.5	0.02
	放线菌	118.7	2.81	101.8	1.75	88.1	2.54	89.6	2.15	88.6	2.10	86.4	1.90	77.8	2.60
	总数	4224.1	1.00	5834.6	1.00	3464.4	1.00	4166.7	1.00	4212.5	1.00	4535.6	1.00	2986.6	1.00

果表明，长期施肥对红壤农田土壤可培养微生物群落中各类群微生物的组成、数量及其比例都产生了一定的影响。

施肥能提高水稻土 SMBC（N、P）和 qMB、SMBN/TN、SMBP/TP，单施或配施有机肥效果优于单施无机化肥，以均衡配施的 NPKM 处理效果最佳，本试验中长期施肥处理间无法找到 SMBC/SMBN 的差异规律；长期不同施肥后土壤养分和土壤微生物量各指标间的相关性主要由养分中的有机碳、易氧化有机碳、全氮、全钾、碱解氮、速效钾引起，尤以有机碳、全氮、碱解氮与之相关性最强，可见，碳和氮与微生物量关系密切。研究认为，施肥能提高土壤可培养微生物（细菌、真菌、放线菌）数量，其中单施或配施有机肥提升细菌和真菌数量的效果优于单施无机化肥，提升细菌数量以 NPKM 处理效果最佳，提升真菌数量以 M 处理效果最佳，M 处理和 NPKM 处理较其他施肥处理显著提高土壤放线菌数量，以 M 处理效果最佳；长期不同施肥后土壤养分和土壤可培养微生物数量间的相关性主要由养分中的有机碳、全氮、全钾、易氧化有机碳、碱解氮、速效钾引起，尤以有机碳、全氮、氧化有机碳、碱解氮与之相关性最强，可见，碳和氮与土壤可培养微生物数量关系密切。因此，土壤碳和氮的提高能全面提升土壤可培养微生物数量、微生物量和土壤酶活性，这可能与这些土壤生物活性因子在土壤养分代谢过程中的重要作用有关，土壤微生物量碳、微生物量氮、微生物量磷是土壤有效碳、有效氮、有效磷的重要来源，试验中的微生物特性与磷的相关性紧密程度低于碳和氮，这可能与土壤中磷较碳和氮更容易累积并不易移动和流失有关。本研究中，水稻土 pH 变化与土壤可培养微生物数量、微生物量和土壤酶活性无相关性，这可能是因为水稻土 pH 在本研究的变化范围内对微生物特性影响较小，还未能达到影响的阈值。

第二节　红壤稻田杂草群落特征

一、有机无机肥配施对稻田杂草种类数量和优势杂草的影响

长期施肥 30 年后稻田杂草变化明显（表 7.5）。由表 7.5 可知，早稻杂草种类 M 处理最多，晚稻 CK 处理最多，早稻和晚稻 NPKM 处理都最少，早稻 M、NPK 和 CK 处理比 NPKM 种类数量分别高出 34.4%、24.6% 和 31.1%，晚稻分别高出 24.6%、11.5% 和 39.3%；早稻 NPKM 和 NPK 处理浮萍覆盖率达 95% 以上，其次为 M 处理，CK 处理几乎没有；早稻只有 CK 处理出现牛毛毡，晚稻狗牙根（Cynodon dactylon）仅未在 NPKM 处理中出现。不同处理不同生育期杂草种类数量不一样，出现不同优势杂草，这可能是因为不同施肥模式下作物长势不同，导致农田小气候差异显著，进而影响作物与杂草及杂草与杂草之间的竞争关系，从而引起杂草群落演变；也可能是因为杂草对养分利用具有选择性，因而不同施肥措施能显著

表 7.5　2011 年水稻生育期稻田杂草种类数量与优势杂草

季别	处理	杂草种类数			平均	优势杂草
		分蘖始期	分蘖盛期	成熟期		
早稻	M	6.7±0.6	8.7±1.2	9.3±0.6	8.2±1.4	浮萍、四叶萍、鸭舌草
	NPKM	6.7±1.2	6.0±0.0	5.7±1.2	6.1±0.5	浮萍、四叶萍、鸭舌草
	NPK	7.3±1.2	8.3±0.6	7.3±0.6	7.6±0.6	浮萍、四叶萍、鸭舌草
	CK	7.7±0.6	7.7±0.6	8.7±0.6	8.0±0.6	绿藻、节节菜、牛毛毡
晚稻	M	7.0±1.0	7.7±0.6	8.0±1.0	7.6±0.5	四叶萍、鸭舌草、狗牙根
	NPKM	5.3±1.2	6.3±0.6	6.7±0.6	6.1±0.7	四叶萍
	NPK	6.3±0.6	7.0±1.0	7.0±0.0	6.8±0.4	四叶萍、狗牙根
	CK	8.0±0.5	8.7±0.6	8.7±0.6	8.5±0.4	牛毛毡、节节菜、狗牙根

影响农田养分状况，进而影响杂草间的养分分配；也可能与杂草生育周期有关（古巧珍等，2007；张磊等，2005；Colbach et al.，2002）。

二、有机无机肥配施对杂草种类与密度的影响

表 7.6 表示不同施肥模式下水稻不同生育时期杂草种类与密度变化。早稻杂草中，矮慈姑、四叶萍、稗子、节节菜和牛毛毡是稳定性杂草品种，晚稻杂草中，四叶萍、稗子、节节菜、鸭舌草和异型莎草是稳定性杂草品种，其他出现的杂草随水稻生育期变化而变化。由表 7.6 可知，早稻不同施肥模式中：狗牙根分蘖始期少量出现在 NPKM 处理中，在分蘖盛期和成熟期消失，而在其他处理中一直存在；鸭舌草分蘖始期最先出现在 CK 处理中，且密度一直保持最低；丁香蓼开始只出现在 NPK 处理中，但在成熟期大量出现在 CK 处理中；空心莲子草只出现在 NPK 和 NPKM 处理中，成熟期在 NPKM 处理中消失；异型莎草最晚出现在 NPKM 处理中，且密度最低；绿藻分蘖始期大量出现在 CK 处理中，但在成熟期消失。晚稻不同施肥模式中：狗牙根分蘖盛期少量出现在 NPKM 处理中，且保持最低密度；一年蓬和陌上菜只在成熟期出现在 CK 处理中；牛毛毡一直未在 NPKM 处理中出现。水稻早晚稻杂草种类及密度的不同和变化与外界环境相关，尤其是施肥与竞争，与杂草生活史也密不可分（王斌和张荣，2011；高宗军等，2011）。

三、有机无机肥配施对稻田杂草干物质量的影响

图 7.7 表示的是稻田杂草干物质量，包括杂草总干物质量（图 7.7a）和早稻、晚稻不同生育时期杂草总干物质量（图 7.7b，c）、湿生杂草总干物质量（图 7.7d，e）、

表7.6 2011年早稻不同生育期杂草种类与密度

(单位: 株/0.25m²)

生育时期	处理	矮慈菇	四叶萍	稗子	节节菜	狗牙根	鸭舌草	丁香蓼	空心莲子草	一年蓬	异型莎草	陌上菜	绿藻	牛毛毡
							早稻							
始分蘖期	M	168.0	16.7	21.7	5.3	1.7	0.0	0.0	0.0	0.0	0.0	0.0	+	+
	NPKM	94.3	14.3	20.3	1.0	0.3	0.0	0.0	1.0	0.0	0.0	0.0	+	+
	NPK	65.3	8.7	6.7	0.7	7.0	0.0	0.3	1.0	0.0	0.0	0.0	+	+
	CK	27.7	4.3	8.7	2.7	0.7	0.3	0.0	0.0	0.0	0.0	0.0	+	+
分蘖盛期	M	17.3	24.7	22.3	117.7	1.7	218.0	0.0	0.0	0.0	34.7	0.0	+	+
	NPKM	20.3	47.0	24.7	16.0	0.0	159.7	0.0	0.7	0.0	0.0	0.0	+	+
	NPK	36.7	32.0	7.0	37.3	0.7	140.7	0.4	1.7	0.0	6.3	0.0	+	+
	CK	35.0	21.0	7.0	140.7	0.3	28.0	0.0	0.0	0.0	7.0	0.0	+	+
成熟期	M	7.3	9.0	24.3	126.0	7.0	206.0	0.0	0.0	0.0	45.3	0.0	+	+
	NPKM	7.7	22.0	21.7	16.7	0.0	145.0	0.0	0.0	0.0	1.7	0.0	+	+
	NPK	21.3	20.0	6.0	42.7	2.0	128.7	0.7	1.7	0.0	5.0	0.0	+	+
	CK	21.3	17.0	7.0	472.0	2.3	76.0	38.7	0.0	0.0	47.3	0.0	—	+
							晚稻							
始分蘖期	M	0.0	16.7	12.7	6.7	2.7	20.7	0.0	0.0	0.0	1.0	0.0	—	+
	NPKM	0.0	34.3	9.3	1.7	0.0	17.7	0.3	0.0	0.0	0.3	0.0	—	—
	NPK	0.0	37.3	7.7	7.0	7.7	7.7	0.0	0.0	0.0	0.0	0.0	—	+
	CK	0.0	9.3	1.7	85.7	7.3	17.3	7.7	0.0	0.0	9.0	0.0	—	+
分蘖盛期	M	0.0	14.3	12.3	39.0	2.7	28.7	1.7	0.0	0.0	62.3	0.0	—	+
	NPKM	0.0	29.3	8.7	5.0	1	19.7	0.3	0.0	0.0	8.0	0.0	—	—
	NPK	0.0	29.0	4.0	17.0	19.3	20.7	0.7	0.0	0.0	7.7	0.0	—	+
	CK	0.0	10.3	0.7	198.0	21.3	27.0	10.0	0.0	0.0	12.3	0.0	—	+
成熟期	M	0.0	22.0	11.7	14.0	41.0	1.0	2.7	0.0	0.0	11.7	0.0	—	+
	NPKM	0.0	32.3	8.3	28.0	0.7	8.0	1.0	0.0	0.0	6.7	0.0	—	—
	NPK	0.0	22.3	2.7	20.7	35.7	2.7	0.3	0.0	0.0	4.7	0.0	—	+
	CK	0.0	4.3	0.7	118.0	38.7	1.7	2.7	0.0	10.3	2.0	17.3	—	+

注: "+"代表出现的杂草, "—"代表未出现的杂草

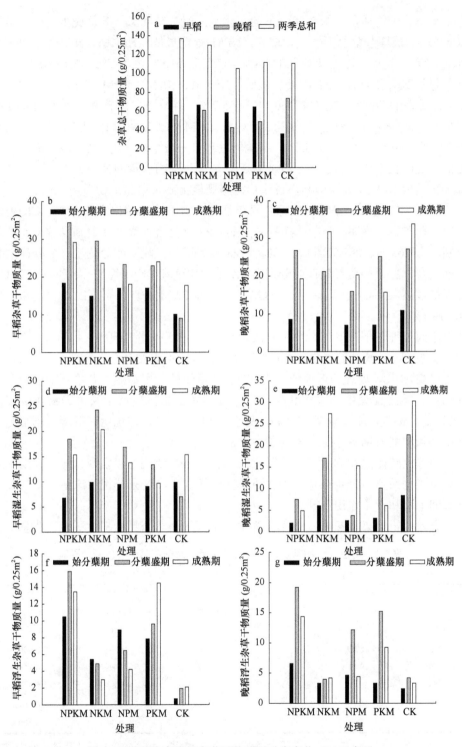

图 7.7　水稻生育期间杂草干物质量动态变化（2011 年）

浮生杂草总干物质量（图 7.7f, g）的变化。由图 7.7a 可知，各施肥处理下，早稻以 NPKM 处理杂草总干物质量最高，NPM 处理最低，NPKM、NKM、NPM 和 PKM 处理分别比 CK 处理高出 117.4%、87.5%、61.9%和 74.2%；晚稻 NKM 处理杂草总干物质量最高，NPM 处理最低，NPKM、NKM、NPM 和 PKM 处理分别是 CK 处理的 76.5%、87.0%、60.1%和 65.7%；两季杂草总干物质量以 NPKM 处理最高，NPM 处理最低，NPKM、NKM、PKM 和 CK 处理比 NPM 处理分别高出 31.3%、26.5%、8.3%和 5.6%。各施肥处理下，杂草总干物质量都以 NPM 处理最低，说明长期施肥状态下，钾的缺乏对杂草总干物质量的抑制最大，两季杂草总干物质量 NPKM 处理最高，说明均衡施肥能提高杂草总干物质量。

由图 7.7b 可知，早稻各生育时期杂草总干物质量 NPKM 处理最高，CK 处理最低，且在始分蘖期、分蘖盛期和成熟期 NPKM 处理杂草总干物质量比 CK 处理分别高出 76.8%、289.7%和 67.5%。由图 7.7c 可知，晚稻始分蘖期、分蘖盛期和成熟期杂草总干物质量最低的分别是 PKM、NPM 和 PKM 处理，各生育时期 CK 处理均最高，且同一生育时期比 PKM、NPM 和 PKM 处理分别高出 67.8%、68.6%和 119.1%。

不同处理下稻田湿生杂草干物质量（图7.7d，e）和浮生杂草干物质量（图7.7f，g）差异明显。各施肥处理中，早稻和晚稻各生育时期湿生杂草干物质量都以 NKM 处理最高，PKM 处理普遍偏低，说明磷肥和氮肥的施用与湿生杂草干物质量关系密切；各施肥处理中，早稻和晚稻始分蘖期和分蘖盛期浮生杂草干物质量都以 NKM 处理最低，NPKM 处理最高，其次是 PKM 处理，这说明有机无机肥平衡施肥中，磷和氮与稻田浮生杂草生长关系密切。

通过比较图 7.7d 和图 7.7f、图 7.7e 和图 7.7g，我们可以发现，同一时期湿生杂草总干物质量与浮生杂草总干物质量呈消长变化，这充分说明浮生杂草与湿生杂草间抑制和竞争作用激烈。

方差分析结果（表 7.7）表明，施肥和生育时期 2 个因素都对稻田杂草总干物

表 7.7　施肥、水稻季别、生育时期 3 因素对杂草总干物质量的影响

偏差来源	偏差平方和	自由度	均方	效应项与误差项均方比	F 检的 P 值
F	2 567.4	29	88.4	2.67	0.037 7
G	18 531.2	1	18 531.2	559.70	0.000 0
S	334.2	6	55.7	1.68	0.208 6
F * G	1 307.9	2	652.0	19.69	0.000 2
F * S	94.7	1	94.7	2.86	0.116 5
G * S	264.7	12	22.1	0.67	0.753 8
误差	500.5	6	87.4	2.52	0.081 7
总和	65.4	2	32.7	0.99	0.400 8

注：R^2=0.866（Adjusted R^2=0.542）；F，施肥 Fertilizer；S，水稻季别 Rice season；G，生育时期 Growing stage

质量产生显著影响，且施肥与生育时期之间有着显著的交互作用。其中以生育时期对稻田杂草总干物质量的影响最大。

牛粪等有机物料富含氮、磷等养分，但其肥效较化肥缓慢（黄治平等，2007）。施有机肥处理两季杂草总干物质量最高，早稻也最高，晚稻虽然不是最高，但与最高值差异不显著，这也可能与施用牛粪有机肥后土壤中养分残留较多有关，有机肥施用时期越晚，数量越多，残留养分对杂草的促进效应就越明显，有机无机肥混施处理施肥量最多，但其两季杂草总干物质量比化肥氮磷钾处理还低，其晚稻杂草干物质量最少，这显示了其生境中植物间竞争非常激烈，同时也说明了土壤养分和 pH 变化及植物间竞争程度可能是造成杂草种类和干物质量产生差异的主因。

在早稻、晚稻不同生育时期杂草总干物质量最高值对应的处理是变化的，这种变化可能反映了杂草与水稻之间总的竞争趋势，同时，稻田中浮生杂草和湿生杂草的生长存在相互抑制作用，通过比较图 7.7d 和图 7.7f 及图 7.7e 和图 7.7g 对应柱的高度，我们就可以发现，早稻、晚稻不同生育时期湿生杂草和浮生杂草干物质量呈消长变化，这充分说明了湿生杂草和浮生杂草竞争的激烈性；当然生育期间的气候条件差异也是引起杂草干物质量差异的原因之一，尤其是杂草之间及杂草与水稻之间对光照的竞争值得进一步研究。

第三节　长期施肥土壤理化性质与生物性状的关系

一、微生物量碳、微生物量氮、微生物量磷与土壤理化性质的关系

微生物量与土壤养分及土壤 pH 间的相关性分析表明（表 7.8），长期不同施肥处理后，红壤稻田土壤 SMBC 和 SMBN 及 SMBP/TP 与土壤有机碳（SOC）、全氮（TN）、全钾（TK）、易氧化有机碳（LOC）、碱解氮（AN）、速效钾（AK）含量极显著正相关，SMBP 与之显著正相关；土壤有效磷（AP）含量与 SMBP 极显著正相关，与 SMBN 显著正相关；qMB（SMBC/SOC）与土壤 TN、LOC、AP 显著正相关；SMBN/TN 和 SMBC/ SMBN 与土壤养分含量正相关，但均不显著；土壤 pH 与微生物量各指标均无相关性；土壤 SOC/TN 与微生物量各指标负相关，且与 SMBN、SMBP 显著负相关，与 SMBP/TP 极显著负相关。这说明，土壤微生物量及其相关指标在一定程度上可表征土壤肥力状况。而且，稻谷产量与土壤 SMBC、SMBN、qMB 关系极为密切，与土壤 SMBP、SMBN/TN、SMBP/TP、SMBC/SMBN 也联系紧密。

表 7.8 表明，微生物量及相关指标相互之间呈正相关关系，SMBC、SMBN 和 SMBP 相互之间极显著相关；SMBC、SMBN、SMBP 与 qMB 显著相关；SMBC、SMBN 与 SMBP/TP 极显著相关，SMBP 与之显著正相关；SMBN/TN 与 SMBN 显著正相关，与 qMB 极显著正相关。qMB 表征的是土壤有机碳的周转速率，是

表 7.8　土壤微生物量指标与土壤养分含量及 pH 间相关系数

相关系数	微生物量碳	微生物量氮	微生物量磷	微生物量碳/有机碳	微生物量氮/全氮	微生物量磷/全磷	微生物量碳/微生物量氮
有机碳	0.964**	0.929**	0.841*	0.715	0.647	0.971**	0.720
全氮	0.985**	0.925**	0.753*	0.815*	0.727	0.904**	0.746
全磷	0.526	0.610	0.758*	0.646	0.500	0.240	0.294
全钾	0.899**	0.890**	0.746*	0.613	0.558	0.935**	0.729
易氧化有机碳	0.939**	0.909**	0.814*	0.727*	0.698	0.985**	0.635
碱解氮	0.962**	0.910**	0.771*	0.694	0.622	0.971**	0.708
有效磷	0.698	0.800*	0.903**	0.776*	0.660	0.477	0.298
速效钾	0.872**	0.895**	0.761*	0.586	0.562	0.962**	0.591
pH	0.336	0.320	0.144	0.002	−0.091	0.382	0.169
有机碳/全氮	−0.734	−0.809*	−0.782*	−0.497	−0.550	−0.930**	−0.387
微生物量碳	1.000						
微生物量氮	0.952**	1.000					
微生物量磷	0.890**	0.929**	1.000				
微生物量碳/有机碳	0.834*	0.849*	0.752*	1.000			
微生物量氮/全氮	0.729	0.788*	0.683	0.957**	1.000		
微生物量磷/全磷	0.900**	0.887**	0.780*	0.633	0.619	1.000	
微生物量碳/微生物量氮	0.733	0.546	0.398	0.455	0.289	0.596	1.000

注：n=21；*表示显著相关（$P<0.05$），**表示极显著相关（$P<0.01$）

土壤碳动态变化的核心指标，因此，它与其他微生物量指标联系紧密，同时，也说明微生物量碳、微生物量氮、微生物量磷和微生物量相关指标作为土壤肥力的表征，都是密切相关的。

二、酶活性与土壤理化性质间的关系

由表 7.9 可以看出，土壤蛋白酶、蔗糖酶、纤维素酶和过氧化氢酶活性与土壤 SOC、LOC 含量极显著正相关，与 TN、TK、AN、AK 含量显著正相关；与 TP、AP 无相关性；酸性磷酸酶活性与土壤 SOC、TN、TP、TK、LOC、AN 含量显著正相关，与 AP 含量极显著正相关；脲酶活性与土壤 SOC、TN、TK、LOC、AN、AK 含量极显著正相关；土壤 pH 与土壤酶活性无相关性；SOC/TN 与土壤酶活性均呈负相关关系，其中，与蛋白酶、脲酶、蔗糖酶、纤维素酶和过氧化氢酶活性显著负相关。这说明，土壤酶活性在一定程度上可表征土壤肥力状况。而且稻谷产量与土壤脲酶、酸性磷酸酶和过氧化氢酶活性关系极为紧密，与蛋白酶和蔗糖酶活性也联系密切。

表 7.9 土壤酶活性与土壤养分含量及 pH 间相关系数

相关系数	蛋白酶	脲酶	蔗糖酶	纤维素酶	酸性磷酸酶	过氧化氢酶
有机碳	0.915**	0.936**	0.879**	0.899**	0.855*	0.937**
全氮	0.811*	0.953**	0.793*	0.820*	0.805*	0.845*
全磷	0.394	0.427	0.054	0.043	0.827*	0.605
全钾	0.789*	0.965**	0.794*	0.822*	0.771*	0.821*
易氧化有机碳	0.938**	0.914**	0.910**	0.917**	0.793*	0.916**
碱解氮	0.846*	0.934**	0.839*	0.865*	0.781*	0.860*
有效磷	0.549	0.613	0.247	0.252	0.911**	0.724
速效钾	0.771*	0.945**	0.789*	0.834*	0.726	0.780*
pH	−0.062	0.347	0.051	0.376	0.100	0.002
有机碳/全氮	−0.845*	−0.821*	−0.828*	−0.796*	−0.673	−0.797*
蛋白酶	1.000					
脲酶	0.806*	1.000				
蔗糖酶	0.925**	0.792*	1.000			
纤维素酶	0.842*	0.745	0.887**	1.000		
酸性磷酸酶	0.789*	0.811*	0.556	0.585	1.000	
过氧化氢酶	0.959**	0.835*	0.806*	0.785*	0.925**	1.000

注：$n=21$；*表示显著相关（$P<0.05$），**表示极显著相关（$P<0.01$）

表 7.9 表明，蛋白酶活性与蔗糖酶、过氧化氢酶活性极显著相关，与其他酶活性显著相关；过氧化氢酶活性与蛋白酶、酸性磷酸酶活性极显著正相关，与其他酶活性显著正相关；脲酶活性与蔗糖酶、酸性磷酸酶和过氧化氢酶活性显著正相关；蔗糖酶活性与纤维素酶活性极显著正相关，与过氧化氢酶显著正相关。这说明，土壤中与碳、氮、磷相关的酶活性通过土壤碳、氮、磷代谢紧密联系在一起。

三、土壤可培养微生物数量与土壤理化性质间的关系

表 7.10 显示，土壤可培养细菌、真菌、放线菌及总菌数量与有机碳/全氮显著负相关，与土壤有机碳和易氧化有机碳含量显著正相关，其中细菌和总菌数量与土壤易氧化有机碳含量极显著正相关，与土壤有效磷显著正相关；细菌、真菌和总菌数量还与土壤全氮、全钾、碱解氮、速效钾含量显著正相关；土壤全磷和 pH 与各类微生物数量和总量无相关性。

四、长期不同施肥后土壤有效养分及 pH 与杂草生长的关系

相关分析（表 7.11）表明，土壤不同养分含量变化对杂草生长有显著影响。土壤碱解氮与杂草总干物质量显著正相关，有效磷与杂草总干物质量极显著正相

表 7.10　土壤可培养微生物数量与土壤养分含量及 pH 间相关系数

相关系数	细菌	真菌	放线菌	总菌数
有机碳	0.865*	0.829*	0.791*	0.869*
全氮	0.835*	0.834*	0.465	0.836*
全磷	0.566	0.237	−0.107	0.561
全钾	0.790*	0.806*	0.415	0.790*
易氧化有机碳	0.887**	0.862*	0.805*	0.891**
碱解氮	0.809*	0.805*	0.575	0.812*
有效磷	0.842*	0.431	0.043	0.837*
速效钾	0.792*	0.817*	0.439	0.793*
pH	−0.002	0.203	−0.113	−0.003
有机碳/全氮	−0.820*	−0.758*	−0.801*	−0.824*

注：$n=21$；*表示显著相关（$P<0.05$），**表示极显著相关（$P<0.01$）

表 7.11　早稻和晚稻生育期间土壤有效养分及 pH 与杂草干物质量的相关关系

土壤养分	杂草总干物质量	r	湿生杂草干物质量	r	浮生杂草干物质量	r
碱解氮	$y = 7.3757x + 101.44$	0.508*	$y = 2.3246x + 120.24$	0.552*	$y = 2.2185x + 135.62$	0.410*
有效磷	$y = 2.6422x + 8.6161$	0.578**	$y = 2.6534x + 25.609$	0.453*	$y = 6.724x + 2.5578$	0.802**
速效钾	$y = -2.6397x + 224.11$	−0.441**	$y = -4.3701x + 227.19$	−0.650**	$y = 0.3276x + 165.71$	0.039
pH	$y = -0.0142x + 6.228$	−0.516**	$y = -0.0143x + 6.096$	−0.531*	$y = -0.0478x + 6.2517$	−0.698**

*$P<0.05$，**$P<0.01$

关，速效钾、pH 与杂草总干物质量极显著负相关；土壤中碱解氮含量对湿生杂草生长的促进作用较大，浮生杂草对土壤有效磷含量变化非常敏感，增加土壤有效磷含量能促进浮生杂草生长，pH 与浮生杂草干物质量极显著负相关。

由表 7.12 可知，直接通径系数以土壤碱解氮和有效磷较大，表明二者对杂草总干物质量直接影响最大。pH 对杂草总干物质量的影响为负效应，但经过其他因子的影响，对杂草总干物质量的间接效应皆起到了正作用，而且其间接效应最大，但最终表现为极显著负效应；土壤碱解氮和有效磷对杂草总干物质量的直接和间接影响皆为正效应，且影响作用较大。因此调控土壤 pH 和碱解氮、有效磷含量能有效控制稻田杂草干物质量。

表 7.12　土壤有效养分及 pH 对杂草总干物质量的影响

因素	r	直接通径系数	间接通径系数				
			碱解氮	有效磷	速效钾	pH	合计
碱解氮	0.508	0.217		0.1114	−0.0004	−0.0887	0.0222
有效磷	0.578	0.329	0.1689		0.0794	−0.1867	0.0616
速效钾	−0.441	−0.069	0.0001	−0.0167		0.0074	−0.0092
pH	−0.516	−0.343	0.1402	0.1946	0.0366		0.3714

长期不同施肥后，土壤碱解氮、有效磷都与杂草总干物质量显著相关，土壤有效磷和 pH 与浮生杂草干物质量极显著相关。通径和逐步回归分析表明，土壤碱解氮对稻田杂草干物质量的影响为直接作用，其中，速效钾和 pH 的直接作用为负效应，它们通过其他因子的影响间接起到了正效应。因此，在农业生产中，采用各种措施维持土壤适宜 pH 及碱解氮和有效磷含量，能够有效抑制稻田湿生杂草和浮生杂草的发生，使杂草总干物质量和种类数量与作物之间达到一个有益的动态平衡。

第四节　小　结

1) 与 CK 处理相比较：长期施肥能提高土壤 SMBC、SMBN、SMBP、qMB、SMBN/TN、SMBP/TP，其中 NPKM 处理效果最显著，对 SMBC、SMBN、SMBP 提高的百分比分别为 128.1%、77.3%、167.4%；长期施肥能提高土壤酶活性，单施或配施有机肥效果优于单施无机化肥，其中，M 处理下纤维素酶活性最强，提高的百分比为 11.3%，其他以 NPKM 处理效果最佳，但与 M 处理差异不显著；长期施肥能提高晚稻土壤可培养微生物数量，单施或配施有机肥效果优于单施无机化肥，其中，M 处理提高真菌和放线菌数量效果最佳，提高的百分比分别为 967.8% 和 52.6%，其他以 NPKM 处理效果最佳，且与 M 处理差异显著。

2) 相关分析表明，本研究中土壤微生物学特性指标与土壤 SOC、TN、LOC、TK、AN、AK 等肥力因子密切相关，尤其与土壤 SOC、TN、AN 最为密切，显示了微生物在土壤碳、氮代谢中的重要性，甚至在一定程度上土壤微生物学特性指标较土壤 SOC、TN、AN 等肥力因子与作物产量的相关性要强；土壤各微生物特性指标能从不同方面反映土壤肥力水平，因此，采用各种不同的方法能更客观地评价红壤稻田土壤质量优劣。

3) 红壤稻田生态系统中，长期不同施肥改变了水稻土微生物特性，其最主要的原因可能是不同施肥模式改变了土壤生境。

第八章　施肥对水稻养分吸收利用及生长发育的影响

近年来，国内外关于长期不同施肥对土壤养分和作物生长的影响做了大量研究。许多研究表明，性质不同的养分输入对农田生态系统的影响是不同的，有机肥或有机无机肥配合施用可以有效改善土壤氮、磷、钾等养分元素的平衡状况，并明显增加土壤有机质含量和养分的有效性，从而提高土壤肥力和生态系统生产力。但是，过去的研究多着重于不同施肥量对土壤理化性质、土壤肥力、土壤养分平衡及作物产量等方面的影响，而关于不同施肥处理对作物生长生理特性、品质影响的报道其少，对于对产量构成因素的影响的研究也比较少（关静，2008）。本章基于长期定位施肥试验，在各处理土壤养分含量、微生物量不同的基础上，探讨了各处理对水稻生长生理特性与产量构成因素和品质的影响，为合理施肥、优化稻田养分管理、提高作物生产力提供了理论依据，是非常有意义的。

第一节　施肥对水稻生长的影响

一、长期有机无机肥配施对水稻病虫害的影响

水稻螟虫俗称钻心虫，其中普遍发生较严重的主要是二化螟和三化螟，还有稻苞虫、大螟等。二化螟除为害水稻外还为害玉米、小麦等禾本科作物，三化螟为单食性害虫，只为害水稻。近年来水稻螟虫成为了中国水稻生产威胁最大的害虫之一。肥料的不均衡施用，明显增加了二化螟对水稻的危害（表 8.1）。PKM、NKM 和 NPM 较 NPKM 处理，水稻二化螟危害白穗率分别增加了 41.9%、67.7% 和 209.7%。单有机肥较单施化肥，更能有效提高水稻抗性，减轻水稻二化螟危害。

表 8.1　不同施肥对水稻病虫害危害情况（1991 年 7 月 9 调查）

处理	NPKM	PKM	NKM	NPM	M	NPK
二化螟危害白穗率（%）	3.1	4.4	5.2	9.6	0	1.1

二、长期有机无机肥配施对水稻生育期的影响

从不同施肥处理水稻多年的平均生育期来看（表 8.2，表 8.3），早稻、晚稻全生育期主要与氮肥施用量有关。高量氮肥投入（NPKM、NKM 和 NPM）相比较低量氮肥投入（PKM、M 和 NPK），其早稻和晚稻生育期均要增加 2 d 左右。

表 8.2　不同处理对早稻全生育期（d）的影响

处理 \ 年份 品种	1984 'V98'	1985 'V16'	1986 'V16'	1992 'V1126'	1994 '中优早3号'	1995 '中优早3号'	1996 '早优5号'	1997 '早优5号'	1998 '湘早18号'	2000 '香两优68'
NPKM	114	110	113	107	109	107	108	110	105	110
PKM	114	109	112	107	107	105	105	109	100	108
NKM	116	109	113	109	109	106	109	111	105	110
NPM	114	110	114	108	109	106	107	110	105	110
M	115	110	112	106	107	104	105	109	100	108
NPK	114	109	113	107	109	103	105	108	101	108

表 8.3　不同处理对晚稻全生育期（d）的影响

处理 \ 年份 品种	1984 'V98'	1986 'V6'	1987 'V64'	1989 'V64'	1992 'V64'	1994 '6017'	1996 '6017'	1997 'S63'	1998 'V989'	2000 'V77'
NPKM	104	120	111	115	110	127	118	137	127	107
PKM	102	122	109	114	109	122	116	134	124	105
NKM	104	122	111	114	110	128	118	137	126	107
NPM	103	120	111	115	110	128	117	137	127	107
M	102	122	112	114	110	126	116	134	124	105
NPK	103	119	111	114	109	123	117	134	125	105

第二节　长期施肥对水稻农艺性状的影响

一、长期施肥对水稻分蘖的影响

由图 8.1 和图 8.2 可以看出，早稻前期，试验各处理分蘖速度变化不大，中、后期，随着温度升高，试验各处理的分蘖速度加快，分蘖数明显增加。不同施肥处理的分蘖呈现明显差异。以 NPKM 处理分蘖数最多，其次为 NPK 处理，随

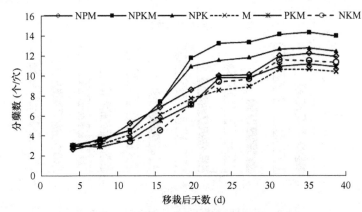

图 8.1　不同施肥处理早稻分蘖动态（1984 年）

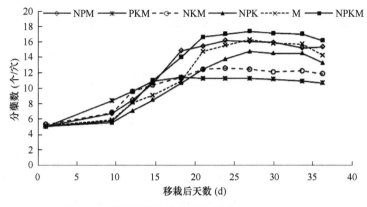

图 8.2　不同施肥处理晚稻分蘖动态（1988 年）

后为 NPM、NKM 和 PKM 处理，可见肥料的不均衡施用，明显影响了水稻的分蘖能力，以 M 处理的分蘖能力表现最低。

而晚稻前期，试验各处理分蘖速度较早稻稍快，这是因为早稻前期气温低，晚稻前期气温高。不同施肥处理晚稻分蘖动态和早稻相比略有不同，以 NPKM 处理分蘖数最多，其次为 NPM 和 M 处理，随后为 NPK 处理，以 NKM 和 PKM 处理的分蘖能力表现最低。

二、长期施肥对水稻株高的影响

由图 8.3 和图 8.4 可以看出，不同施肥处理，以 NPKM 处理早稻生长速度最快，株高最高，以 NKM 处理株高最低。说明在氮、钾供应相对充足的情况下，缺磷是导致早稻生长缓慢的主要原因。表现为分蘖慢，生长慢，叶片窄且直立，叶色深绿，根系发育不良。晚稻以 NPKM 处理生长速度最快，株高最高，以 PKM 处理株高最低。晚稻缺氮处理最明显（而缺磷处理不明显），长势最差。表现为叶色淡黄，分蘖慢，生长差。

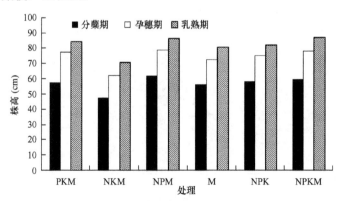

图 8.3　不同处理对早稻生长的影响（1987 年）

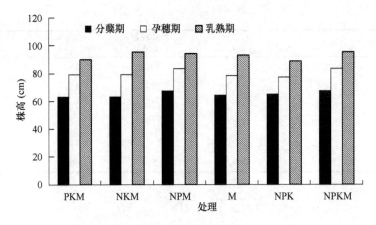

图 8.4　不同处理对晚稻生长的影响（1993 年）

三、长期施肥对水稻产量构成因子的影响

施用有机肥能降低水稻空壳率，增加千粒重（表 8.4）。1997 年早稻经济性状考查结果表明，M 处理比 NPK 处理空壳率降低 5.2%，千粒重增加 3.5 g，有机无机肥料配施能增加水稻有效穗（NPKM 处理比 NPK 处理增加 19.5 万穗/hm²）。早稻有效穗以 NPKM、NPM（1993 年）和 NPM（1997 年）处理为最高，晚稻有效穗以 NPKM（1989 年）、NPM 和 NKM（1992 年）处理为较高。

表 8.4　不同施肥下水稻产量构成因子

年份	处理	有效穗 （万穗/hm²）	每穗粒数 （粒/穗）	空壳率 （%）	千粒重 （g）
1993 年 早稻	NPKM	367.5	93.2	29.4	24.8
	PKM	330.0	86.7	30.9	25.8
	NKM	325.5	93.3	24.8	25.0
	NPM	367.5	91.9	24.4	23.5
	M	333.0	92.5	25.1	25.0
	NPK	318.0	87.1	28.7	23.8
1997 年 早稻	NPKM	370.5	80.0	10.3	24.5
	PKM	351.0	92.0	9.8	21.0
	NKM	351.0	72.0	13.9	24.0
	NPM	384.0	85.0	17.6	22.0
	M	325.5	72.0	11.1	24.0
	NPK	351.0	78.0	16.3	20.5
1989 年 晚稻	NPKM	325.5	128.0	37.1	28.4
	PKM	310.5	102.0	35.4	27.7
	NKM	312.0	121.0	44.6	28.1
	NPM	313.5	122.0	46.3	28.1
	M	309.0	116.0	31.5	28.1
	NPK	283.5	109.0	35.5	26.9

续表

年份	处理	有效穗 （万穗/hm²）	每穗粒数 （粒/穗）	空壳率 （%）	千粒重 （g）
	NPKM	313.5	105.0	16.2	29.0
	PKM	325.5	103.0	12.6	28.7
1992年 晚稻	NKM	349.5	120.0	19.2	28.5
	NPM	312.0	119.0	19.3	27.5
	M	267.0	107.0	16.8	28.3
	NPK	349.5	98.0	16.3	29.1

第三节 小 结

　　氮、磷、钾肥料的不均衡施用导致水稻病虫害增加。在氮、磷、钾施用的基础上配合施用有机肥能够更加有效地促进水稻分蘖和生长；有机肥和化肥配合施用，较单施化肥能够增加水稻有效穗和千粒重，降低水稻空壳率。

第九章　水稻产量及驱动因素

不论是种植面积，还是稻米需求量，水稻对于我国粮食安全的意义都很重大（杨万江和陈文佳，2012）。产量是进行作物生产的直接目的，在注重可持续发展的今天，人们不仅关心当季产量，还通过长期试验研究产量变化的趋势特征，发展可持续性农业。施肥是水稻高产和稳产的最主要措施之一，据统计，肥料对提高水稻产量的贡献率为 30%～50%（王伟妮等，2010）。然而随着化学肥料的长期施用及肥料用量的增加，水稻产量并不是呈持续增加趋势。Ladha 等（2003）分析了亚洲的部分稻麦轮作长期试验中作物产量的变化趋势，认为产量下降问题比较严重，而且存在土壤退化等问题。有研究表明，肥料单独施用均表现出作物产量降低的趋势，而化肥配合有机肥施用作物产量表现为增长趋势。有机物料还田能够改变作物增产趋势，可能是由于有机物料还田对维持稻田生态系统的土壤健康和可持续性起着重要的作用，主要表现在提高土壤有机质的含量与质量，以及提供许多重要的微量营养元素。但水稻的高产和稳产不仅与施肥有关，还受环境及二者交互作用的影响。采用长期定位试验可以连续观测土壤生产力对施肥及其他因子响应的演变特征，从而可对土壤生产力的稳定性进行预测。对长期不同施肥下水稻产量变化、产量可持续性指数（sustainable yield index，SYI）变化特征进行了大量研究，并且采用 AMMI（additive main effects and multiplicative interaction）模型对影响双季稻总产量稳定性的施肥处理、环境和二者互作响应等也进行了大量研究（王开峰等，2007；吴焕焕等，2014；冀建华等，2012；Yadav et al.，2000）。研究结果均表明，有机无机肥配施是水稻高产和稳产的理想施肥措施。但这些研究结果中，有的表明施肥模式对水稻稳产性影响的实质主要表现在养分的均衡供应方面，适量和平衡地提供水稻所需的营养元素是水稻稳产的物质基础，至于这些养分是来自化肥还是有机肥并不重要；也有研究结果表明，双季稻产量稳定性的提高不仅与养分均衡有关，而且与有机肥和化肥之间配施比例密切相关；且相关研究大多采用一种方法对产量的稳定性进行评价，如果采用不同的评价方法，双季稻产量稳定性分析的结果则不完全相同，如在高生产水平下，SYI 不太适合评估产量的可持续性。同时，由于不同施肥模式及地力水平下，水稻产量长期变化趋势及原因较为复杂。不同种植条件下水稻产量变化趋势及其驱动因子尚未明确。本章基于长期有机无机肥配施定位试验，分析了长期不同施肥后水稻产量的变化趋势，研究了水稻产量对不同驱动因子的响应特征，以期为双季稻高产稳产施肥方法的优化和筛选提供技术支撑和理论依据。

第一节　长期施肥对稻谷产量的影响

　　由图 9.1a 和图 9.1b 可见，各处理早稻产量年际变化较大，不同处理早稻产量随试验时间所呈现的变化趋势一致。试验开始前 5 年，不同施肥处理间的早稻产量差异较小，从 1987 年开始，不同施肥措施对早稻产量的影响逐渐增大。除个别年份外，NPKM 处理的早稻产量一直保持最高水平，其他施肥处理的早稻产量随施肥年份呈现的规律不明显。同时由表 9.1 可知，NPKM、NPM、NKM、PKM、M、

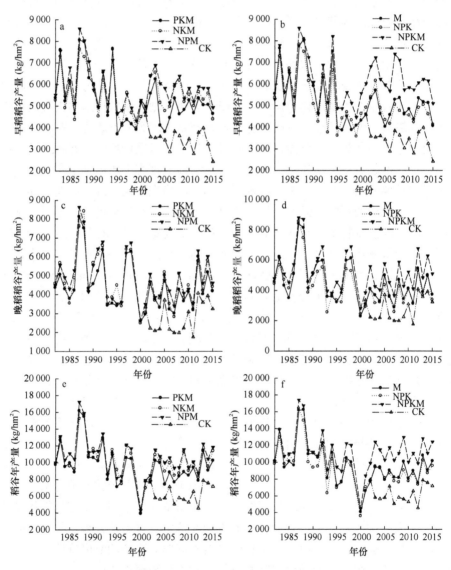

图 9.1　不同施肥处理早稻（a、b）、晚稻（c、d）和全年（e、f）稻谷产量

表 9.1　不同施肥处理的稻谷产量变化和变异系数

处理	生长季	平均产量 （1982～2015 年） （kg/hm²）	产量年变化量 （1982～2015 年） [kg/（hm²·a）]	变异系数（%）			
				1982～ 1990 年	1991～ 2000 年	2001～ 2015 年	1982～ 2015 年
PKM		5 308±202c	−57*	19.5	27.0	12.3	22.2
NKM		5 519±172bc	−23	18.6	23.0	11.5	18.2
NPM	早稻	5 877±171ab	−30**	18.8	17.3	9.7	16.9
M		5 239±201c	−58**	19.7	26.7	10.4	22.4
NPK		5 121±188c	−59	18.3	24.3	11.0	21.4
NPKM		6 183±181a	−14	18.2	21.0	10.3	17.1
CK		3 455±136d				15.3	15.3
PKM		4 474±225b	−37	30.4	35.5	22.0	29.4
NKM		4 737±236ab	−43	29.4	33.5	22.1	29.1
NPM	晚稻	4 899±238ab	−39	27.9	37.5	19.4	28.4
M		4 538±243ab	−58*	30.8	34.2	19.8	31.2
NPK		4 270±231b	−57*	30.2	32.8	20.8	31.6
NPKM		5 241±237a	−29	29.3	32.4	19.1	26.3
CK		2 774±210c				29.3	29.3
PKM		9 651±398bc	−112*	23.2	28.6	12.6	24.0
NKM		10 117±383abc	−85	21.4	28.9	12.3	22.1
NPM	全年	10 631±393ab	−88	21.1	27.8	11.1	21.5
M		9 644±418bc	−135**	23.0	28.4	11.4	25.3
NPK		9 265±405c	−134**	22.1	29.5	10.4	25.5
NPKM		11 241±389a	−59	21.6	26.2	9.9	20.2
CK		6 229±274d				17.1	17.1

注：数据后不同小写字母表示 5%显著性差异。*为 5%显著水平，**为 1%极显著水平

NPK 和 CK 处理的历年早稻平均产量分别为 6183 kg/hm²、5877 kg/hm²、5519 kg/hm²、5308 kg/hm²、5239 kg/hm²、5121 kg/hm² 和 3455 kg/hm²。等氮投入的 NPKM、NPM 和 NKM 3 个处理历年早稻平均产量变化趋势为 NPKM>NPM>NKM（$P<0.05$），说明早稻增施化学磷肥增产效果要好于增施化学钾肥；PKM、M 和 NPK 3 个处理的历年早稻产量显著低于 NPM、NPKM 两处理，该 3 个处理间的差异不显著，说明即使在施用有机肥的基础上增施化学磷钾肥，也不能明显增加早稻稻谷产量，在养分投入量相同的情况下，有机肥和化肥对于早稻产量的影响效果一致。

各处理晚稻产量随施肥年份的起伏波动较大（图 9.1c，d），不同处理同一年份的晚稻产量低于早稻，各处理晚稻产量随施肥时间所呈现的变化趋势和早稻有所区别。NPKM 处理的晚稻产量始终保持最高水平；NPK 随着施肥时间的延长呈下降趋势，连续单施化肥 7 年后，即从 1989 年开始，除个别年份外，其晚稻产量逐渐低于其他施肥处理；其他各施肥处理晚稻产量在一定范围内起伏变化，

未见明显规律。不同施肥处理间历年晚稻平均产量的高低和早稻有所不同（表9.1），NPKM、NPM、NKM、M、PKM、NPK 和 CK 处理的历年晚稻平均产量分别为 5241 kg/hm^2、4899 kg/hm^2、4737 kg/hm^2、4538 kg/hm^2、4474 kg/hm^2、4270 kg/hm^2 和 2774 kg/hm^2。等氮投入的 NPKM、NPM 和 NKM 3 个处理历年晚稻平均产量变化趋势为 NPKM>NPM、NKM（$P<0.05$），NPM 和 NKM 处理间未见显著差异，晚稻增施磷肥或增施钾肥对产量的影响效果一致；PKM、M 和 NPK 3 个处理的历年晚稻平均产量变化趋势为 M、PKM>NPK（$P<0.05$），M 和 PKM 处理间差异不显著，在养分投入量相同的情况下，单施有机肥较单施化肥有利于提高晚稻稻谷产量。

不同施肥处理稻谷年产量的变化趋势和晚稻相似（图 9.1e, f）。随着施肥时间的延长，不同施肥处理稻谷年产量的差异逐渐显现。NPKM 处理的稻谷产量一直保持最高水平，NPK 处理随着施肥时间的延长呈下降趋势，其稻谷产量逐渐低于其他施肥处理。NPKM、NPM、NKM、PKM、M、NPK 和 CK 处理的历年平均产量分别为 11 241 kg/hm^2、10 631 kg/hm^2、10 117 kg/hm^2、9651 kg/hm^2、9644 kg/hm^2、9265 kg/hm^2 和 6229 kg/hm^2（表 9.1）。不同处理历年平均产量变化趋势为 NPKM>NPM>NKM>PKM、M>NPK（$P<0.05$）。水稻历年平均产量随施氮量的增加而增加；等氮条件下，同时增施化学磷钾肥的增产效果要优于单独增施化学磷肥或钾肥；增施化学磷肥较增施化学钾肥更有利于水稻产量提高；长期单施有机肥较单施化肥增产效果更好。

从产量的年变化量（表 9.1）可知，不同施肥处理的早稻、晚稻及全年稻谷产量 1982～2015 年均随着试验时间的延长呈下降趋势，以 NPKM 处理的下降量最小，除 M 外，各施肥处理晚稻产量下降量高于早稻；M 处理的早稻、晚稻及全年稻谷产量均随着试验年份呈显著降低趋势，PKM 处理的早稻和全年稻谷产量及 NPK 处理的晚稻、全年稻谷产量分别随着试验年份呈显著降低趋势。

对长期不同施肥处理稻谷产量的变异系数（表 9.1）分析表明，各施肥处理的早稻、晚稻和全年稻谷产量变异系数随着施肥时间的延长呈先升高后下降的趋势。不同施肥处理全年稻谷产量变异系数由试验开始前期（1982～2000 年）的 21.1%～29.5%，下降到 9.9%～25.5%（2001～2015 年）。各施肥处理在试验开始后不同阶段晚稻稻谷产量的变异系数均大于早稻，CK、PKM、NKM、NPM、M、NPK 和 NPKM 处理的晚稻稻谷产量变异系数（1982～2015）比早稻稻谷产量变异系数分别高出 92.0%、32.5%、59.7%、67.8%、39.2%、47.1% 和 53.5%；早稻稻谷产量的变异系数以 PKM 和 M 处理较大、NPM 处理较小，晚稻稻谷产量的变异系数以 NPK 处理较大、NPKM 处理较小；各处理年稻谷产量变异系数的变化趋势与晚稻相似。

第二节　长期施肥对稻草产量的影响

由图 9.2 可知，同一处理不同年限水稻地上部总生物量变化波动较大，这与使用的水稻品种和当年的气候、病虫害等多方面因素有关，不同处理间随着试验年限的增加，差异愈加明显，且波动趋势基本一致。从不同处理看，CK、M、NKM、NPM、NPK、NPKM 和 PKM 处理稻草年均产量分别为 4014 kg/hm²、7961 kg/hm²、8671 kg/hm²、9310 kg/hm²、7530 kg/hm²、9918 kg/hm² 和 7767 kg/hm²，CK 处理下水稻地上部总生物量均明显低于其他施肥处理（$P<0.05$），这说明施肥能使水稻地上部总生物量增加；稻草年均产量随着施氮量的增加而增加，NPKM 处理（高施氮量）稻草年均产量显著高于 M、PKM 和 NPK 处理（低施氮量）。

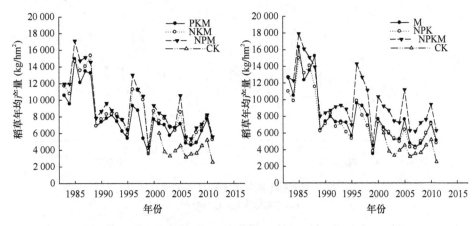

图 9.2　长期不同施肥处理下稻草年均产量（1982～2011 年）

第三节　稻谷产量对不同施肥的响应关系

一、有机无机肥对稻谷产量的增产贡献率

从年际变化来看，肥料对于产量的贡献率是波动的（图 9.3）。化肥氮、化肥磷、化肥钾和有机肥对早稻的增产贡献率平均分别为 17.7%、11.6%、4.7% 和 21.1%，对晚稻的增产贡献率平均分别为 18.0%、11.8%、7.9% 和 23.7%。不同种类肥料对早稻或晚稻的增产贡献率均以有机肥最大，化肥钾最小，化肥氮的增产贡献率大于化肥磷和化肥钾；不同种类肥料对晚稻的增产贡献率大于早稻。

长期施肥下，不同种类肥料的增产贡献率呈逐年升高的趋势。1982～2012 年，化肥氮、化肥磷、化肥钾和有机肥的早稻增产贡献率年增加率分别为 1.1%、0.2%、0.3% 和 1.1%，晚稻增产贡献率年增加率分别为 0.4%、0.5%、0.3% 和 1.0%。随着

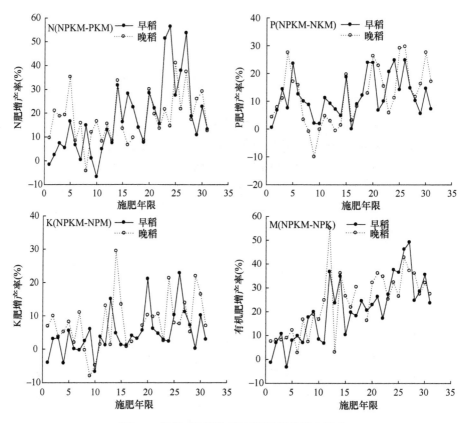

图 9.3   施肥后不同年限不同肥料的增产效应

x 轴中施肥第 1 年为 1982 年

施肥年限的增加,早稻施用化肥氮的增产贡献率年增加率大于晚稻,晚稻施用化肥磷的增产贡献率年增加率大于早稻。试验后 3 年化肥氮、化肥磷、化肥钾、有机肥对早稻和晚稻增产贡献率比试验开始的前 3 年分别增加 12.8%、1.9%、3.6%、23.8% 和 6.1%、12.6%、8.2%、21.1%,有机肥的增产贡献率增幅最大。

二、有机无机肥配施下稻谷产量对氮磷钾的响应关系

(一)土壤氮磷钾表观平衡

土壤养分平衡是作物高产稳产的基础,从各处理年均氮磷钾养分收支情况可以看出(表 9.2),施肥和作物吸收的差异导致土壤中氮磷钾养分收支不同。长期不施肥(CK)土壤中氮平均每年亏缺 80.6 kg/hm²;施氮量为 145 kg/hm² 时,PKM、NPK 和 M 处理土壤中氮平均每年亏缺 13.3~66.2 kg/hm²;当施氮量增至 290 kg/hm² 时,NKM、NPM 和 NPKM 处理的土壤中氮出现盈余,在有机肥和化肥均衡施用的情况下(NPKM 处理),土壤中氮盈余量较 NKM 和 NPM 处理分别

降低 55.2%和 19.0%。不施磷肥的 CK 处理，平均每年带走磷 36.4 kg/hm²；施磷量为 56.3 kg/hm² 时，仍不能满足水稻对磷的需求，NKM、M 和 NPK 处理的土壤中磷平均每年亏缺 13.9～18.4 kg/hm²，磷肥施用量加倍后，PKM、NPM 和 NPKM 处理的土壤中磷平均每年盈余 19.0～47.7 kg/hm²，NPKM 处理土壤中磷盈余量较 PKM 和 NPM 处理分别降低 60.1%和 39.6%。和氮、磷不同，无论施钾与否，各处理土壤中钾均表现明显的亏缺，与不施肥相比较，钾肥的施用加速了土壤中钾的消耗，施肥处理平均每年亏缺钾 160.7～218.0 kg/hm²。

表 9.2　不同施肥处理土壤氮磷钾表观平衡　　　（单位：kg/hm²）

处理	N			P₂O₅			K₂O		
	施入量	移除量	收支	施入量	移除量	收支	施入量	移除量	收支
PKM	145.0	158.3	−13.3	112.6	64.9	47.7	67.6	240.9	−173.3
NKM	290.0	216.8	73.2	56.3	74.7	−18.4	67.6	263.7	−196.1
NPM	290.0	249.5	40.5	112.6	81.1	31.5	33.8	231.7	−197.9
M	145.0	211.2	−66.2	56.3	74.0	−17.7	33.8	194.5	−160.7
NPK	145.0	202.9	−57.9	56.3	70.2	−13.9	33.8	251.8	−218.0
NPKM	290.0	257.2	32.8	112.6	93.6	19.0	67.6	268.2	−200.6
CK	0.0	80.6	−80.6	0.0	36.4	−36.4	0.0	85.5	−85.5

（二）水稻产量对长期施氮肥的响应

氮是农业生态系统生产力中最重要的营养元素，氮肥的作物增产贡献率可达 76%（陈立云等，2007）。水稻历年平均产量随着总施氮量的增加而增加（表 9.3），相关系数（r^2）为 0.84，达极显著相关水平，以有机氮和化肥氮配施的处理产量最高。在氮肥施用量相同的情况下，水稻产量与有机氮施用量的相关性（r^2=0.58）大于与化肥氮的相关性（r^2=0.36），说明长期施用有机氮对水稻的增产效果要好于化肥氮。

表 9.3　水稻历年平均产量和施氮量（1982～2015 年）

处理	历年平均产量（kg/hm²）	有机氮施用量 [kg/（hm²·a）]	化肥氮施用量 [kg/（hm²·a）]	总施氮量 [kg/（hm²·a）]
M	9 644	145	0	145
NKM	10 117	145	145	290
NPM	10 631	145	145	290
PKM	9 651	145	0	145
NPKM	11 241	145	145	290
NPK	9 265	0	145	145
CK	6 229	0	0	0

（三）水稻产量对长期施磷肥的响应

磷是作物营养的三大要素之一，对水稻体内碳、氮化合物及脂肪的代谢均起着重要的作用。水稻历年平均产量随着总施磷量的增加而显著增加（表 9.4），相关系数（r^2）达 0.73。以有机磷和化肥磷配施的处理产量最高。在磷肥用量相同的情况下，水稻产量和有机磷的施用量呈显著正相关关系（$r^2=0.58^*$），说明长期施用有机磷对水稻的增产效果要好于化肥磷。

表9.4　水稻历年平均产量和施磷量（1982～2015 年）

处理	历年平均产量 （kg/hm²）	有机磷施用量 [kg/（hm²·a）]	化肥磷施用量 [kg/（hm²·a）]	总施磷量 [kg/（hm²·a）]
M	9 644	56.3	0	56.3
NKM	10 117	56.3	0	56.3
NPM	10 631	56.3	56.3	112.6
PKM	9 651	56.3	56.3	112.6
NPKM	11 241	56.3	56.3	112.6
NPK	9 265	0	56.3	56.3
CK	6 229	0	0	0

作物产量不提高时土壤有效磷最低值称为土壤有效磷临界值，即以土壤有效磷含量与作物产量分别为横轴和纵轴作相关曲线，曲线上的转折点相对应的土壤有效磷值即为作物产量对土壤有效磷的"拐点"。当土壤有效磷含量小于该临界值时，施磷肥作物产量提高；反之，当土壤有效磷大于该临界值时，则作物产量对磷肥不响应（Mallarino and Blackmer, 1992）。本章通过米切里西模型，以 30 年试验数据为基础，选择的试验处理为 CK、NPK（1984～1996 年）、NPKM（1984～2012 年）和 NPM（1984～2012 年）的水稻相对产量和土壤有效磷数据，均以磷是水稻产量的主要限制因子为前提，利用水稻相对产量对土壤有效磷的反应，来确定红壤性水稻土土壤有效磷临界值。每年以产量最高的处理为 100%，其他处理的产量与最高产量的比值为相对产量。

由图9.4可见，本试验30年的田间数据很好地被米切里西模型拟合，以相对产量的90%计算，可得在双季稻种植条件下，水稻土有效磷的农学阈值约为22.1 mg/kg。

（四）水稻产量对长期施钾肥的响应

钾不仅是水稻生长发育所必需的营养元素，而且对水稻产量的提高有重要作用。由表 9.5 可以看出，水稻产量与总施钾量呈显著正相关关系（$r^2=0.61^*$）。就有机钾和化肥钾对水稻产量的影响而言，有机钾对水稻产量的影响更大，其与水稻产量呈显著正相关关系（$r^2=0.58^*$）。单施有机钾处理的水稻产量显著高于单施化肥钾处理。总体来看，长期单施有机钾和单施化肥钾相比，有机钾对增加水稻产量的效果更好。

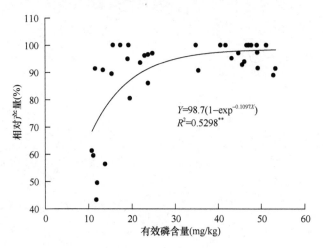

$$Y=98.7(1-\exp^{-0.1097X})$$
$$R^2=0.5298^{**}$$

图 9.4　水稻相对产量与土壤有效磷含量的关系

表 9.5　水稻历年平均产量和施钾量（1982～2015 年）

处理	历年平均产量（kg/hm²）	有机钾施用量[kg/（hm²·a）]	化肥钾施用量[kg/（hm²·a）]	总施钾量[kg/（hm²·a）]
M	9 644	33.8	0	33.8
NKM	10 117	33.8	33.8	67.6
NPM	10 631	33.8	0	33.8
PKM	9 651	33.8	33.8	67.6
NPKM	11 241	33.8	33.8	67.6
NPK	9 265	0	33.8	33.8
CK	6 229	0	0	0

第四节　小　　结

长期有机无机肥配施稻谷产量和稻谷产量变异系数均随着施肥时间的延长呈下降趋势，相对其他施肥处理，有机肥和化肥配施能够明显提高稻谷产量，肥料对于产量的贡献率年际波动较大，以有机肥的增产贡献率最大，化肥的增产贡献率表现为氮>磷>钾。综合产量年际变化特征、变异系数、施肥对产量的增产贡献率等结果，有机肥和化肥配施，尤其是氮磷钾全肥基础上配施有机肥（NPKM）是该区域双季稻高产和稳产的最佳施肥措施。

第三篇　长期施用氯离子和硫酸根肥料
红壤双季稻田土壤肥力演变

第十章 红壤双季稻田氯离子和硫酸根肥料长期试验概况

硫和氯是作物生长发育所必需的营养元素,其缺乏易出现相应的缺素症状,而有研究表明,土壤硫、氯含量过多也会对土壤性质和作物生长造成危害。随着国内含硫化肥(硫酸铵、硫酸钾等)和含氯化肥(氯化铵、氯化钾)等大量、普遍施用,含硫与含氯肥料施用是否会造成危害已成为一个研究热点。刘更另先生于1975年在中国农业科学院红壤实验站稻田上布置了长期定位试验,用于研究长期施用含硫与含氯肥料对土壤性质及水稻生长的影响。

试验小区面积为25 m^2,水稻插植规格:早稻为20 cm×20 cm,晚稻为20 cm×25 cm。试验水稻品种为当地常用品种,3~5年更换一次。种植制度为早稻—晚稻—冬闲。试验开始时(1975年)土壤基本性质为:pH 6.85;有机质22.3 g/kg;全氮1.29 g/kg;全磷0.28 g/kg;全钾7.30 g/kg;碱解氮183.9 mg/kg;有效磷18.2 mg/kg;速效钾124.2 mg/kg;缓效钾218.2 mg/kg;含SO$_4^{2-}$-S为30.1 mg/kg,Cl$^-$为31.8 mg/kg。试验处理设置及施肥情况见表10.1。SO$_4^{2-}$处理、Cl$^-$处理重复4次,Cl$^-$+SO$_4^{2-}$处理重复1次,作为2个处理间的隔离区,小区之间采用水泥埂隔开。各处理肥料均作基肥于水稻移栽前一次性施入。早稻于每年的3月下旬播种,4月下旬移栽秧苗,7月中旬收获;晚稻6月中旬播种,7月中旬移栽,10月上旬收获,稻草均不还田。各小区全部收获测产,单独测产。其他与当地稻田管理一致。晚稻收获后的1个月内于每个小区按"之"字形采集0~20 cm土样,室内风干,拣除根茬、石块,磨细过1 mm和0.25 mm筛,装瓶保存备用。

表 10.1 阴离子长期试验各处理施肥情况

处理	肥料种类	施肥量 [kg/(hm^2·季)]
Cl$^-$	NH$_4$Cl+KCl+KH$_2$PO$_4$	N 150、P$_2$O$_5$ 75、K$_2$O 225、Cl 458
Cl$^-$+SO$_4^{2-}$	尿素+过磷酸钙+KCl	N 150、P$_2$O$_5$ 75、K$_2$O 225、Cl 168、S 54
SO$_4^{2-}$	(NH$_4$)$_2$SO$_4$+ K$_2$SO$_4$+ 过磷酸钙	N 150、P$_2$O$_5$ 75、K$_2$O 225、S 320

第十一章　长期施用含硫与含氯化肥土壤有机质及氮磷钾养分演变规律

第一节　土壤有机质变化及剖面分布

一、施用含硫与含氯化肥土壤有机质变化特征

长期施用含硫与含氯化肥土壤有机质含量均随年份表现出显著上升趋势（图 11.1）。统计分析表明，SO_4^{2-} 处理土壤有机质年均增长最高，土壤有机质每年增加 0.31 g/kg，$Cl^- + SO_4^{2-}$ 处理次之，年均增长为 0.20 g/kg，Cl^- 处理年均增长最低，土壤有机质每年增加 0.16 g/kg。经过 38 年的长期施肥，至 2013 年 Cl^-、$Cl^- + SO_4^{2-}$、SO_4^{2-} 处理土壤有机质分别上升至 30.0 g/kg、31.5 g/kg 和 30.8 g/kg，处理之间无显著差异。

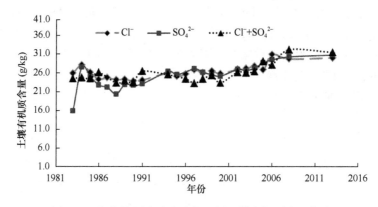

图 11.1　长期施用含硫和含氯肥料土壤有机质含量变化

二、施用含硫与含氯化肥土壤有机质剖面分布

土壤有机质是土壤肥力和作物营养的重要基础物质。长期施肥 33 年后，SO_4^{2-} 及 $Cl^- + SO_4^{2-}$ 处理 0～20 cm 耕层土壤有机质含量比 Cl^- 处理分别增加 11.5% 和 1.3%。土壤剖面（0～100 cm）有机质含量都以施硫的 SO_4^{2-} 处理和 $Cl^- + SO_4^{2-}$ 处理高，其中，SO_4^{2-} 处理和 $Cl^- + SO_4^{2-}$ 处理剖面（0～100 cm）有机质平均含量比 Cl^- 处理分别高 16.7% 和 3.6%（图 11.2）。长期施用含硫化肥（尤其是 SO_4^{2-} 处理）促进了有机碳在稻田土壤各层次尤其是耕层土壤的累积。刘更另等（1989）也发现长期施用硫酸盐化肥能够促进有机质的缓慢累积。

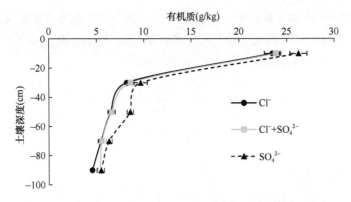

图 11.2　长期施用含硫和含氯肥料土壤剖面有机质含量变化

第二节　土壤氮元素变化及剖面分布

一、施用含硫与含氯化肥土壤全氮变化特征及剖面分布

图 11.3 所示长期施用含硫与含氯化肥土壤全氮含量随年份的变化趋势。Cl^- 处理和 SO_4^{2-} 处理土壤全氮含量随年份极显著上升（Cl^- 处理，$n=21$，$R^2=0.524$；SO_4^{2-} 处理，$n=20$，$R^2=0.3367$）。$Cl^- + SO_4^{2-}$ 处理土壤全氮含量随年份表现微弱上升趋势。各处理土壤全氮含量：Cl^- 处理每年土壤全氮增加 12.3 mg/kg，$Cl^- + SO_4^{2-}$ 处理每年土壤全氮增加 6.4 mg/kg，SO_4^{2-} 处理每年土壤全氮增加 12.9 mg/kg。3 个处理（Cl^-、$Cl^- + SO_4^{2-}$ 和 SO_4^{2-}）2011 年土壤全氮含量分别为 1.74 g/kg、1.81 g/kg 和 1.81 g/kg，处理之间无显著差异。

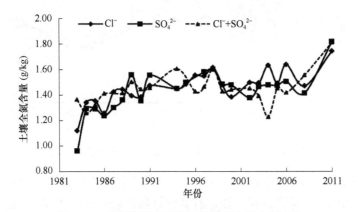

图 11.3　长期施用含硫和含氯肥料土壤全氮变化

长期施肥 33 年后，各处理土壤剖面全氮主要分布在耕层 0～20 cm，越往深层土壤全氮含量显著降低（图 11.4）。长期施用硫肥（SO_4^{2-} 处理和 $Cl^- + SO_4^{2-}$ 处理）耕层土壤全氮较不施硫处理（Cl^- 处理）有所减少，两者之间的差异没有达到显著

水平，0~20 cm 土壤全氮含量比不施硫处理（Cl⁻处理）减少 5.3%。据 2008 年水稻养分吸收状况可知，施用含硫化肥（尤其是 SO_4^{2-} 处理）增加早稻、晚稻谷草中氮的带走量，这可能是耕层土壤全氮减少的原因。

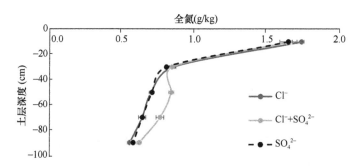

图 11.4　长期施用含硫和含氯肥料土壤剖面全氮含量变化

二、施用含硫与含氯化肥土壤碱解氮变化特征及剖面分布

图 11.5 所示长期施用含硫与含氯化肥土壤碱解氮含量随年份的变化趋势。Cl⁻、Cl⁻+SO_4^{2-} 和 SO_4^{2-} 处理土壤碱解氮含量平均每年下降 2.4 mg/kg、2.4 mg/kg、0.8 mg/kg，2011 年土壤碱解氮含量分别为 84 mg/kg、147 mg/kg 和 155 mg/kg。

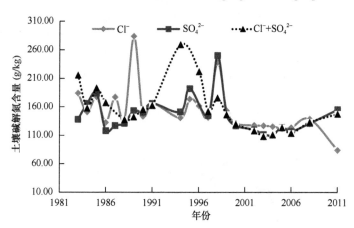

图 11.5　长期施用含硫和含氯肥料土壤碱解氮变化

长期施肥 33 年后，各处理土壤剖面碱解氮含量与有机质分布相似，主要分布在耕层 0~20 cm，越往深层土壤碱解氮含量显著降低（图 11.6）。长期施用硫肥（SO_4^{2-} 处理和 Cl⁻+SO_4^{2-} 处理）耕层土壤碱解氮较不施硫处理（Cl⁻处理）有所减少，两者之间的差异没有达到显著水平，0~20 cm 土壤碱解氮含量比不施硫处理（Cl⁻处理）减少 4.9%（图 11.6）。据 2008 年水稻养分吸收状况可知，施用含硫化肥（尤其是 SO_4^{2-} 处理）增加早稻、晚稻谷草中氮的带走量，这可能是耕层土壤碱解氮减

少的原因。

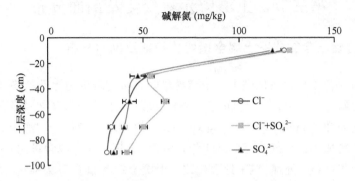

图 11.6　长期施用含硫和含氯肥料土壤剖面碱解氮含量变化

三、施用含硫与含氯化肥水稻生育期间土壤碱解氮动态变化

分析施肥 34 年后（2009 年）生育期间土壤碱解氮动态变化情况可知（图 11.7），早稻、晚稻整个生育期间 Cl^- 处理土壤碱解氮含量都高于 $Cl^-+SO_4^{2-}$ 处理和 SO_4^{2-} 处理，早稻平均增加 9.8% 和 13.7%，晚稻平均增加 9.4% 和 11.8%。早稻从分蘖期至成熟期各处理土壤碱解氮的含量变化较小，基本持平；晚稻分蘖后，各处理碱解氮含量总体呈下降趋势。

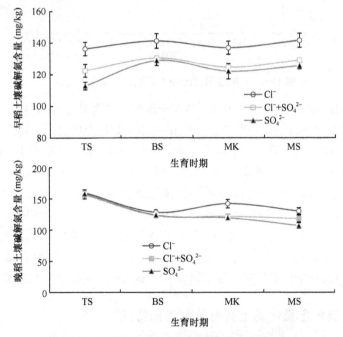

图 11.7　早稻和晚稻生育期间土壤碱解氮动态变化
TS. 分蘖期；BS. 孕穗期；MK. 乳熟期；MS. 成熟期

第三节　土壤磷元素变化及剖面分布

一、施用含硫与含氯化肥土壤全磷变化特征及剖面分布

长期施用含硫与含氯化肥土壤全磷含量随年份均表现为上升趋势（图 11.8）。其中施用含硫肥料（SO_4^{2-}处理和 $Cl^-+SO_4^{2-}$处理）土壤全磷含量极显著上升，年均增加分别为 20.0 mg/kg 和 20.1 mg/kg。Cl^-处理土壤全磷年均增加相对较小，每年土壤全磷增加 3.1 mg/kg。到 2011 年，SO_4^{2-}处理土壤全磷含量比 Cl^-处理增加了 44.4%，$Cl^-+SO_4^{2-}$处理与 Cl^-处理相比，土壤全磷增加了 51.2%。长期施用含硫化肥有利于促进土壤磷元素积累。

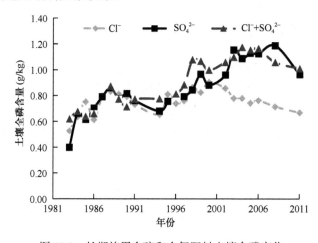

图 11.8　长期施用含硫和含氯肥料土壤全磷变化

SO_4^{2-}、$Cl^-+SO_4^{2-}$处理 0～20 cm 耕层土壤的全磷含量比 Cl^-处理显著增加（图 11.9a），分别增加 40.61%、38.97%，20 cm 以下土层中全磷含量与耕层土壤相比显著下降，各处理之间全磷含量无显著差异。在 0～100 cm 土壤剖面中，施硫处理土壤各层次有效磷含量都显著高于 Cl^-处理（图 11.9b）。其中，SO_4^{2-}处理及 $Cl^-+SO_4^{2-}$处理 0～20 cm 土壤有效磷含量分别比 Cl^-处理增加 230.88%和 215.54%；20 cm 以下土壤有效磷含量比 Cl^-处理处理增加 68.93%和 81.13%。长期施硫提高土壤磷含量，其主要原因有两个方面：一是 SO_4^{2-}对 HPO_4^{2-}有一定的置换作用；二是长期 SO_4^{2-}处理使土壤 Eh 及 pH 下降，导致闭蓄态磷的活化，从而使有效磷含量增加。长期施用含硫肥料有利于促进耕层土壤全磷及 0～100 cm 土壤剖面中有效磷的积累。

二、施用含硫与含氯化肥土壤有效磷变化特征

由图 11.10 可以看出，长期施用含硫与含氯化肥土壤 Olsen-P 含量随年份均表

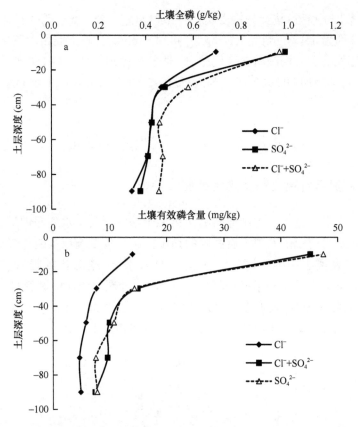

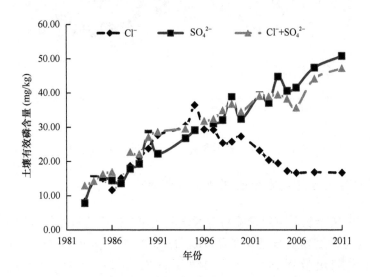

图 11.9　长期施用含硫和含氯肥料土壤剖面全磷（a）及有效磷（b）含量变化

图 11.10　长期施用含硫和含氯肥料土壤有效磷变化

现出极显著上升趋势。统计分析表明，各处理（SO_4^{2-}、$Cl^-+SO_4^{2-}$和 Cl^- 处理）Olsen-P 年均增加分别为 1.4 mg/kg、1.1 mg/kg 和 0.2 mg/kg。长期施用含硫化肥 Olsen-P 积累速率显著高于长期施用含氯化肥。长期施肥至 2011 年，SO_4^{2-} 处理土壤 Olsen-P 含量比 Cl^- 处理增加 204.5%，$Cl^-+SO_4^{2-}$ 处理与 Cl^- 处理相比，土壤 Olsen-P 含量增加 183.1%。

第四节　土壤全钾演变特征

一、施用含硫与含氯化肥土壤全钾变化特征

南方雨水多，施入的钾肥通常易在稻田土壤中流失，水稻需钾量较多，土壤钾含量下降是当前中国农田土壤面临的突出问题。长期施用含硫与含氯化肥土壤全钾含量均表现出微弱下降趋势（图 11.11），其中施用含氯肥料（Cl^- 处理和 $Cl^-+SO_4^{2-}$ 处理）土壤全钾下降速率要高于 SO_4^{2-} 处理。统计结果表明，Cl^- 处理、$Cl^-+SO_4^{2-}$ 处理和 SO_4^{2-} 处理土壤全钾年均下降分别为 20.9 mg/kg、28.2 mg/kg 和 8.3 mg/kg。试验至 2011 年，各处理之间土壤全钾含量无显著差异。

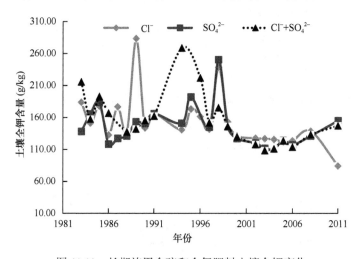

图 11.11　长期施用含硫和含氯肥料土壤全钾变化

二、施用含硫与含氯化肥土壤速效钾变化特征

图 11.12 所示长期施用含硫与含氯化肥土壤速效钾含量随年份的变化趋势。随年份的变化各处理土壤速效钾含量波动都比较大，Cl^- 处理、$Cl^-+SO_4^{2-}$ 处理和 SO_4^{2-} 处理土壤速效钾含量的变化幅度分别为 21.0～181.7 mg/kg、22.6～242.4 mg/kg 和 20.1～230.1 mg/kg。各处理速效钾含量随着年份的变化基本持平。多年平均含量（1983～2011 年）由高到低依次为 $Cl^-+SO_4^{2-}$ 处理 > SO_4^{2-} 处理 > Cl^-

处理，分别为 130.3 mg/kg、108.4 mg/kg、83.1 mg/kg。

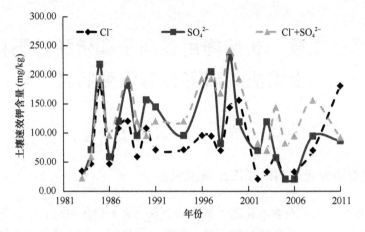

图 11.12　长期施用含硫和含氯肥料土壤速效钾变化

第十二章　长期施用氯离子和硫酸根肥料 土壤氯、硫养分等演变特征

第一节　土壤氯离子变化

一、长期施用含氯肥料后稻田土壤氯积累

长期以来，人们对含氯化肥（氯化铵、氯化钾）的施用抱有疑惧态度，因为它施用过多时会对一些作物（如烟草、甜菜、果树等）的品质产生明显的危害。但随着我国联合制碱工业的迅速发展，其副产品氯化铵的生产量不断增加，越来越多的缺钾土壤也需要大量施用氯化钾。因此，20世纪70年代后期，含氯化肥能否在农业上广泛而持续地施用就成为我国化工部门和农业部门研究的热点和难点问题。

从 Cl^- 在稻田土壤中的残留率来看，$Cl^- + SO_4^{2-}$ 处理24年累计随肥料施入土壤的 Cl^- 量为 24.8 t/hm^2，扣除被水稻植株带走的 Cl^- 量，表土净增 Cl^- 量的理论值应为 22.8 t/hm^2，而表土层实际增加 Cl^- 量仅为 37.35 kg/hm^2（按 0~20 cm 表土重量 2250 t/hm^2 计算，表 12.1 中的计算依据与此相同），Cl^- 在表土中的多年总残留率仅为 0.16%，在 20~100 cm 各层次剖面中均低于此值。按同样方法计算，Cl^- 在低氯处理表土中的多年总残留率为 0.21%。说明 Cl^- 极易随水下渗淋失，在稻田土壤中的积累率很低。但由于长期的积累，施氯处理还是使 Cl^- 含量出现了显著的增加。以 $Cl^- + SO_4^{2-}$ 处理为例，1975~1998年，连施高含氯肥料24年，表土中 Cl^- 含量由 1975 年的 31.8 mg/kg 增加到 1998 年的 48.4 mg/kg（增加 52.2%），且与其他处理有显著差异，从表土往下一直到 80~100 cm 的土壤剖面中都有类似现象，虽然这种 Cl^- 浓度水平尚不至于对水稻产生毒害（毛知耕，1997；毛知耕和石孝均，1995），但其长期的负面影响不可忽视，它可对土壤-水稻系统中的养分平衡产生显著影响；长期施用低氯化肥，除深层次（80~100 cm）外，各层次土壤中 Cl^- 含量也有显著增加（表 12.1）；但长期不施含氯肥料时（如 CK 处理），由于水稻植株带走的 Cl^- 和淋失的 Cl^- 得不到充分的补充，表土中 Cl^- 含量比试验前（1975 年）有所减少，但土壤尚未达到缺氯的程度（毛知耕和石孝均，1995）。

表 12.1　各处理 Cl⁻含量随时间和深度的变化　　　　（单位：mg/kg）

处理	年度（0～20 cm）				深度（1998 年）				
	1975 年	1984 年	1991 年	1998 年	0～20 cm	20～40 cm	40～60 cm	60～80 cm	80～100 cm
CK	31.8	30.1b	27.2c	24.8c	24.8c	28.1c	30.0c	30.8c	31.9b
SO₄²⁻	31.8	36.0a	39.4b	39.7b	39.7b	35.8b	35.1b	36.9b	34.3b
Cl⁻	31.8	37.7a	43.6a	48.4a	48.4a	44.3a	43.2a	45.6a	43.1a

注：数据后的不同字母（a、b、c）表示处理间差异达 $P<0.05$ 显著水平（Duncan 新复极差测验）。下同

二、长期施用含氯肥料后稻田土壤 Cl⁻剖面分布状况

土壤中 Cl⁻很容易随水移动，在多雨地区不易积累，国外一些研究也表明施用含氯化肥土壤中 Cl⁻的残留率很低，占当季施 Cl⁻量的 4%～5%。据毛知耕，在紫色土上连续 15 年施用含氯化肥，氯在土壤中的残留量为 4%～6%，且在雨水多的年份，氯在土壤中的残留量少；干旱年份氯在土壤中的残留量稍多。邹长明等（2004b）研究发现，Cl⁻处理 0～20 cm 耕层土壤 Cl⁻含量有一定增加，不施氯的 SO₄²⁻处理土壤中 Cl⁻含量下降。长期施肥 23 年土壤剖面中各处理 Cl⁻都有一定的积累（图 12.1），其中，Cl⁻处理、Cl⁻+SO₄²⁻处理和 SO₄²⁻处理剖面平均 Cl⁻含量分别为 44.9 mg/kg、36.4 mg/kg 和 29.1 mg/kg，施氯处理（Cl⁻处理、Cl⁻+SO₄²⁻处理）分别比不施氯的 SO₄²⁻处理高 54.3%和 24.9%。由此可知，长期施用含氯化肥能够提高土壤中 Cl⁻含量，土壤中 Cl⁻的淋失致使土壤耕层 Cl⁻含量下降，而 Cl⁻在 20 cm以下土层中有一定的残留。

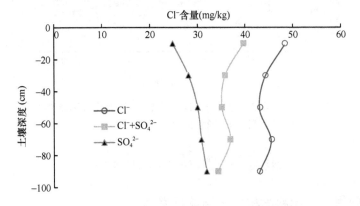

图 12.1　施肥 23 年后土壤剖面 Cl⁻含量变化

三、长期施用含氯肥料水稻生育期土壤 Cl⁻动态变化

由图 12.2 可知，施氯处理能增加土壤中 Cl⁻含量，各处理 Cl⁻含量大小为 Cl⁻处理>Cl⁻+SO₄²⁻处理>SO₄²⁻处理。早稻、晚稻生育期间 Cl⁻处理土壤 Cl⁻含量呈下降

趋势，即施含氯化肥初期土壤 Cl^- 含量较高，随着淋失及作物带走等，土壤 Cl^- 含量显著下降。SO_4^{2-} 处理和 $Cl^-+SO_4^{2-}$ 处理土壤 Cl^- 变化幅度较小。早稻生育期间 Cl^- 处理、$Cl^-+SO_4^{2-}$ 处理和 SO_4^{2-} 处理土壤 Cl^- 含量分别为 37.7 mg/kg、27.5 mg/kg、16.8 mg/kg，其中 Cl^- 处理和 $Cl^-+SO_4^{2-}$ 处理比 SO_4^{2-} 处理分别高 124.0%和 63.6%。晚稻生育期间三处理土壤 Cl^- 含量分别为 41.5 mg/kg、28.1 mg/kg 和 21.5 mg/kg，Cl^- 处理和 $Cl^-+SO_4^{2-}$ 处理比 SO_4^{2-} 处理分别高 30.4%和 92.8%。

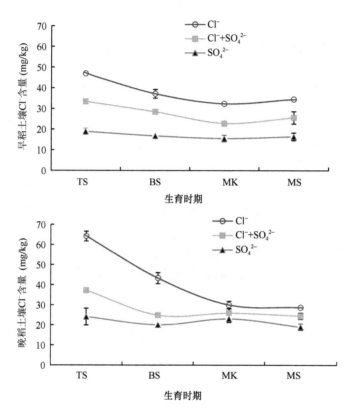

图 12.2　早稻和晚稻生育期间土壤 Cl^- 动态变化（2008 年）

TS. 分蘖期；BS. 孕穗期；MK. 乳熟期；MS. 成熟期

第二节　土壤硫变化特征

一、长期施用含硫肥料后稻田土壤硫积累

近年来，已有 70 多个国家和地区报道了土壤缺硫和潜在缺硫，硫肥成为继氮磷钾肥之后的第四大肥料，引起了人们的广泛重视。

通过对各处理历年 0～20 cm 表层土壤样品中的 SO_4^{2-}-S 含量的分析（表 12.2）发现，在 $Cl^-+SO_4^{2-}$ 处理和 SO_4^{2-} 处理中 SO_4^{2-}-S 都有明显的累积，而不施硫区

SO_4^{2-}-S 含量逐年降低。1975～1998 年，连续施用含硫化肥 24 年，Cl^-+SO_4^{2-}处理区表土中 SO_4^{2-}-S 含量增加了 158%；SO_4^{2-}处理区表土中 SO_4^{2-}-S 含量增加了 229%，SO_4^{2-}-S 累积量随施硫量增加而增加。从残留率来看，Cl^-+SO_4^{2-}处理区每年随肥料施入土壤的 SO_4^{2-}-S 量折算成 0～20 cm 表土的含量为 77.8 mg/kg，因此 24 年累计使表土净增 SO_4^{2-}-S 量的理论值为 1867 mg/kg，但表土中 24 年实际增加 SO_4^{2-}-S 47.7 mg/kg，多年总残留率为 2.55%；用同样方法计算可得 SO_4^{2-}处理区 24 年累计使表土净增 SO_4^{2-}-S 量的理论值为 7114 mg/kg，其多年总残留率为 0.97%。说明在淹水种稻条件下，SO_4^{2-}易淋失，且施得越多，流失越多。尽管 SO_4^{2-}-S 残留率不高，但 SO_4^{2-}-S 的多年累积对土壤性质和作物生长造成的影响很大（前已述及）。而如果长期不施含硫肥料（如 CK 区），则会使土壤中的 SO_4^{2-}-S 含量逐年减少而导致缺硫，本试验 CK 处理区表土层中的 SO_4^{2-}-S 含量在 24 年中减少了 45%，降为 16.5 mg/kg，处于潜在缺硫状态（刘铮，1991；鲁如坤，1998）。

在 0～100 cm 剖面中，SO_4^{2-}在表层和底层都有明显的累积（表 12.2）。据樊军报道，SO_4^{2-}在剖面中的移动性很大，黄土高原旱地长期定位施用含硫肥料后，短期内主要累积在 40～80 cm 土层中，而长期累积的峰值出现在 120 cm 土层左右，在 180～200 cm 处仍有较高的含量。但 SO_4^{2-}-S 在本试验剖面中累积的峰值出现在 0～20 cm 和 60～80 cm 土层，而 20～60 cm 和 80 cm 以下累积很少，这是因为本试验地块在 80～100 cm 处出现了异常坚硬的黏土（不透水）层且地势相对较高，SO_4^{2-}在随水下移遇到此不透水层时不再下移，而主要通过侧渗淋失。

表 12.2　各处理 SO_4^{2-}-S 含量随时间和深度的变化　　（单位：mg/kg）

处理	年度（0～20 cm）				深度（1998 年）				
	1975 年	1984 年	1991 年	1998 年	0～20 cm	20～40 cm	40～60 cm	60～80 cm	80～100 cm
Cl^-	30.1 ±1.0	28.4 ±1.1	24.5 ±0.9	16.5 ±0.8	16.5 ±0.8	22.3 ±1.3	19.7 ±1.2	27.2 ±1.4	34.1 ±1.3
Cl^-+SO_4^{2-}	30.1 ±1.0	44.2 ±1.4	67.0 ±1.3	77.8 ±1.3	77.8 ±1.3	24.1 ±1.6	29.6 ±1.4	43.0 ±1.6	35.3 ±1.2
SO_4^{2-}	30.1 ±1.0	46.1 ±1.2	88.2 ±1.2	98.9 ±1.4	98.9 ±1.4	32.8 ±1.4	33.7 ±1.8	97.6 ±2.5	38.1 ±1.4

从1975年开始，连续施用含氯（或含硫）肥料24年，表土中 Cl^-含量仅增加16.6 mg/kg（增加52%），而 SO_4^{2-}-S 含量增加了68.8 mg/kg（增加229%）。SO_4^{2-}和 Cl^-的多年总残留率分别为0.19%和1.10%。说明在淹水种稻条件下，SO_4^{2-}和 Cl^-虽然均易淋失，残留率都不高，但 SO_4^{2-}-S 的累积程度高于 Cl^-，其对土壤性质和作物生长造成的影响比 Cl^-更大。但如果长期不施含硫肥料（如 Cl^-区），在植株带走和淋失等因素的影响下，土壤中的 SO_4^{2-}-S 含量会逐年减少，本试验 Cl^-区表土层中的 SO_4^{2-}-S 含量在24年中减少了45%；与此类似，长期不施含氯肥料时，表土层中的 Cl^-含量在24年中减少了22%。

二、长期施用含硫肥料 23 年后土壤剖面分布状况

土壤中硫的累积与土壤、气候、施肥等因素有着密切的关系，其主要存在于有机质中，能被植物利用的有效硫主要是 SO_4^{2-}，其他无机态的硫只有转化为 SO_4^{2-} 才能被植物利用。本试验发现，长期施肥下各处理 SO_4^{2-}-S 含量在土壤各层次中都有累积，主要分布在 40 cm 以下土层中（图 12.3）。试验地区每年降雨集中在 4～6 月，且降雨强度大，该时期降雨量占全年总降雨量的 45% 以上，晚稻期间（7～10 月）降雨少，易发生季节性干旱，作物需要的水分主要来自灌溉。这两段时期均有利于土壤 SO_4^{2-}-S 往下淋溶，导致土壤剖面 SO_4^{2-}-S 累积。比较处理间土壤剖面差异发现，SO_4^{2-} 处理和 $Cl^- + SO_4^{2-}$ 处理各层次的 SO_4^{2-}-S 含量高于不施硫的 Cl^- 处理，其中，SO_4^{2-} 处理显著高于 Cl^- 处理。由此表明，长期施用含硫化肥能够显著增加土壤中 SO_4^{2-}-S 的含量，且由于降雨及灌溉水的淋溶作用，土壤中 SO_4^{2-}-S 极易进入土壤剖面下层，减少了其在耕层土壤中的累积，从而降低了还原态 H_2S 的形成。

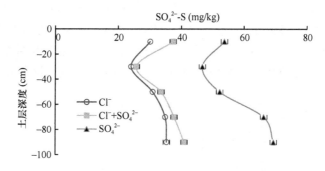

图 12.3　施肥后土壤剖面 SO_4^{2-}-S 含量变化（2008 年）

三、长期施用含硫肥料后水稻生育期土壤 SO_4^{2-}-S 动态变化

如图 12.4 所示，长期施肥 34 年对土壤 SO_4^{2-}-S 含量变化有一定的影响，各处理 SO_4^{2-}-S 含量大小为 SO_4^{2-} 处理>$Cl^- + SO_4^{2-}$ 处理>Cl^- 处理。2009 年早稻和晚稻生育期间 SO_4^{2-} 处理土壤 SO_4^{2-}-S 含量都呈下降趋势，主要与随水淋失及作物吸收有关；而 $Cl^- + SO_4^{2-}$ 处理和 SO_4^{2-} 处理土壤 SO_4^{2-}-S 含量基本保持稳定，可能是由于土壤 SO_4^{2-}-S 含量低，随水淋失小、作物带走少，且灌溉和降雨能补给土壤硫元素。早稻生育期间 Cl^- 处理、$Cl^- + SO_4^{2-}$ 处理和 SO_4^{2-} 处理土壤 SO_4^{2-}-S 含量平均为 33.4 mg/kg、40.4 mg/kg 和 73.4 mg/kg，$Cl^- + SO_4^{2-}$ 处理和 SO_4^{2-} 处理分别比 Cl^- 处理高 20.8% 和 119.5%。晚稻生育期间 Cl^- 处理、$Cl^- + SO_4^{2-}$ 处理和 SO_4^{2-} 处理土壤

SO_4^{2-}-S 含量平均为 27.0 mg/kg、42.9 mg/kg、73.4 mg/kg，Cl^-+ SO_4^{2-} 处理和 SO_4^{2-} 处理分别比 Cl^- 处理高 59.1% 和 172.4%。

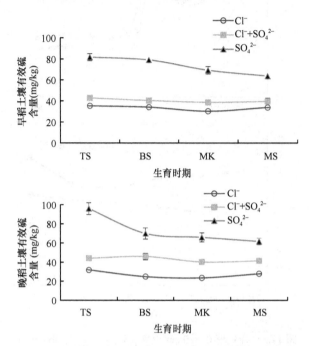

图 12.4　早稻和晚稻生育期间土壤 SO_4^{2-}-S 动态变化（2008 年）

TS. 分蘖期；BS. 孕穗期；MK. 乳熟期；MS. 成熟期

第三节　长期施用含硫和含氯肥料对土壤 pH 及 Eh 的影响

对各处理 1975～2000 年的表层（0～20 cm）土壤 pH 进行测定，发现土壤 pH 呈阶段性下降，尤以 SO_4^{2-} 处理下降较多，转折点为 1989～1990 年（图 12.5a）；此后，SO_4^{2-} 处理区杂草减少，泥色青灰，水面有一层锈皮。田间观察、土壤酸碱度（pH）测定和水稻生长期间土壤氧化还原电位（Eh）的测定（图 12.5b）都说明 SO_4^{2-} 比 Cl^- 更易造成土壤的酸化和还原性的增强，这导致 1990 年以后 SO_4^{2-} 处理区的稻谷产量比 Cl^- 处理区显著降低（表 12.3）。

多年的田间观察和土壤测定结果说明，长期施用含硫和含氯肥料尤其是含硫肥料会造成土壤酸化。但 pH 下降有阶段性，遵循"平衡-突变-平衡"的规律，这是因为土壤胶体使土壤具有强大的缓冲性能，使土壤的活性酸碱度（pH）与交换性酸碱度处于一种动态平衡状态，可防止土壤 pH 的大起大落，但当 H^+ 积累到一定程度以后，这种动态平衡会被破坏，于是发生突变，然后在新的基础上达成新的平衡。

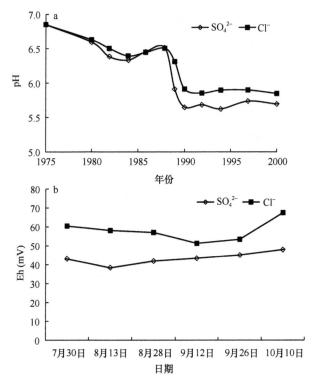

图 12.5　各处理 0～20 cm 土壤 pH（a）和 Eh（b）变化

表 12.3　1989～1990 年前后两个处理稻谷产量比较

处理	早稻产量（kg/hm²）		晚稻产量（kg/hm²）	
	1981～1989 年	1990～1997 年	1981～1989 年	1990～1997 年
Cl⁻	6450a	5316a	5424a	4295a
SO₄²⁻	6429a	4812b	5619a	3845b

注：同一列 2 个数据中不同字母表示差异显著（$P<0.05$）

第十三章　长期施用氯离子和硫酸根肥料稻田生物多样性演变规律

第一节　施用含硫与含氯化肥对稻田杂草多样性的影响

一、施用含硫与含氯化肥 34 年后水稻生育期间稻田杂草种类变化

分析施肥 34 年后早稻、晚稻生育期间杂草种类变化情况（表 13.1），Cl^- 处理田间杂草种类最多，早稻生育期间平均有 9.0 种，比 $Cl^- + SO_4^{2-}$ 处理和 SO_4^{2-} 处理分别增加 50.0% 和 16.1%；晚稻 Cl^- 处理杂草种类平均有 7.8 种，比 $Cl^- + SO_4^{2-}$ 处理和 SO_4^{2-} 处理分别增加 81.4% 和 23.8%。Cl^- 处理田间杂草优势杂草主要是鸭舌草，田间生长密度和覆盖度较大，但浮萍生长很少。SO_4^{2-} 处理和 $Cl^- + SO_4^{2-}$ 处理田间优势杂草是鸭舌草和浮萍，尤其是浮萍生长非常多，生育期间几乎是全田覆盖。

表 13.1　2009 年早稻和晚稻生育期间稻田生长的杂草种类

季别	处理	分蘖期	孕穗期	乳熟期	成熟期	优势杂草
	Cl^-	9	9	9	9	鸭舌草
早稻	$Cl^- + SO_4^{2-}$	6	6	6	6	鸭舌草、浮萍
	SO_4^{2-}	7	8	8	8	鸭舌草、浮萍
	Cl^-	8	7	8	8	鸭舌草
晚稻	$Cl^- + SO_4^{2-}$	5	4	4	4	鸭舌草、浮萍
	SO_4^{2-}	7	6	6	6	鸭舌草、浮萍

二、施用含硫与含氯化肥 34 年后对水稻生育期间稻田杂草总干重的影响

田间杂草生长状况能够反映稻田土壤理化性状，稻田生态环境恶化，也将影响到稻田杂草的生长，而田间杂草生长量大时，也会和水稻竞争养分、水分和阳光等，从而对水稻生长不利（图 13.1）。从 2009 年稻田生长总杂草量看，Cl^- 处理稻田杂草生长量最大，$Cl^- + SO_4^{2-}$ 处理和 SO_4^{2-} 处理杂草生长总量相对较少。早稻生育期间 Cl^- 处理、$Cl^- + SO_4^{2-}$ 处理和 SO_4^{2-} 处理杂草生长总量为 54.21 g/m²、47.02 g/m² 和 35.91 g/m²，Cl^- 处理杂草生长总量比 $Cl^- + SO_4^{2-}$ 处理和 SO_4^{2-} 处理分别高出 15.3% 和 51.0%；晚稻分别为 54.95 g/m²、16.06 g/m² 和 22.47 g/m²，Cl^- 处理杂草生长总量比 $Cl^- + SO_4^{2-}$ 处理和 SO_4^{2-} 处理高出 242.1% 和 144.6%。

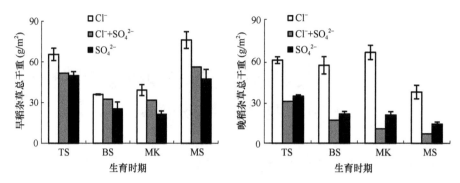

图 13.1　2009 年早稻和晚稻生育期间稻田杂草总干重情况

TS. 分蘖期；BS. 孕穗期；MK. 乳熟期；MS. 成熟期

第二节　施用含硫与含氯化肥后水稻生育期间
稻田浮萍的生长量情况

稻田生长的浮萍在一定程度上也能反映土壤溶液中养分含量状况。分析 2009 年稻田浮萍生长状况可知，早稻、晚稻生育期间 SO_4^{2-} 处理和 $Cl^- + SO_4^{2-}$ 处理浮萍生长量大，几乎全田覆盖，而 Cl^- 处理田间浮萍生长极少，几乎没有浮萍生长（图 13.2）。早稻 Cl^- 处理、$Cl^- + SO_4^{2-}$ 处理和 SO_4^{2-} 处理田间浮萍生长量分别为 0.55 g/m^2、26.36 g/m^2 和 24.46 g/m^2，Cl^- 处理比 $Cl^- + SO_4^{2-}$ 处理和 SO_4^{2-} 处理分别少 97.9% 和 97.8%；晚稻 Cl^- 处理、$Cl^- + SO_4^{2-}$ 处理和 SO_4^{2-} 处理田间浮萍生长量分别为 0.34 g/m^2、25.35 g/m^2 和 24.15 g/m^2，Cl^- 处理比 $Cl^- + SO_4^{2-}$ 处理和 SO_4^{2-} 处理分别少 98.7% 和 98.6%。Cl^- 处理稻田浮萍生长受到抑制可能与土壤及溶液中有效磷含量较少有关，$Cl^- + SO_4^{2-}$ 处理和 SO_4^{2-} 处理土壤中有效磷含量较多，使田间水层里有效磷含量也较多，从而有利于浮萍的生长。

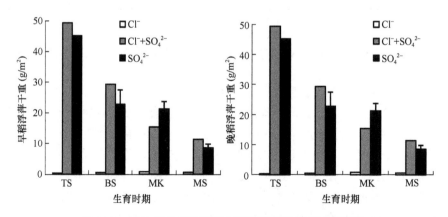

图 13.2　2009 年早稻和晚稻生育期间稻田浮萍干重情况

TS. 分蘖期；BS. 孕穗期；MK. 乳熟期；MS. 成熟期

第十四章　长期施用氯离子和硫酸根肥料对
水稻养分吸收利用及产量的影响

肥料是人们用以调节植物营养与培肥改土的一类化学物质，有"植物的粮食"之称，自人类定居并从事农业生产以来，人们通过自己的实践，开始不断深刻地认识到施肥是增产的重要措施。只有满足作物对营养的需求才能获得作物的优质、高产。过量施肥使植物养分过多，一方面会使水稻叶片更加浓绿，从而使水稻更易招惹水稻虫害，且利于害虫的繁殖和种群发展；另一方面，施过量的肥会导致水稻细胞壁较厚，细胞内含物铵态氮含量较高，则纹枯病病菌易侵入和发展。近年来，已有 70 多个国家和地区报道了土壤缺硫和潜在缺硫，硫肥成为继氮磷钾肥之后的第四大肥料，引起了人们的广泛重视。本章重点讨论长期施用含硫、含氯化肥对水稻生长、水稻营养和水稻产量的影响，研究结果将为评价含硫、含氯化肥的合理施用提供科学依据。

第一节　不同施肥对水稻病虫害的影响

长期施用含 SO_4^{2-} 肥料水稻病虫危害减轻。1994 年和 1996 年早稻，SO_4^{2-} 处理二化螟危害株率较 Cl^- 处理分别降低 2.5%和 1.9%。1990 年、1992 年和 1997 年早稻，SO_4^{2-} 处理纹枯病发病兜率较 Cl^- 处理分别降低 20%、30%和 10%（表 14.1，表 14.2）。

表 14.1　不同施肥对水稻虫害（二化螟）危害情况

处理	二化螟危害株率（%）（1990 年早稻）	二化螟危害株率（%）（1994 年早稻）	二化螟危害株率（%）（1996 年早稻）
Cl^-	5.3	4	6.2
$Cl^- + SO_4^{2-}$	6.9	0	1.2
SO_4^{2-}	7	1.5	4.3

表 14.2　不同施肥对水稻病害（纹枯病）危害情况

处理	纹枯病危害兜率（%）（1990 年 9 月 20 日）	纹枯病危害兜率（%）（1992 年 8 月 26 日）	纹枯病危害兜率（%）（1997 年 6 月 29 日）
Cl^-	20	40	15
$Cl^- + SO_4^{2-}$	40	50	20
SO_4^{2-}	0	10	5

第二节 不同施肥作物的养分吸收

一、长期施用含硫和含氯肥料水稻对微量元素吸收的影响

（一）长期施用含氯化肥对水稻吸收微量元素的影响

1997 年，对包括 Si 在内的水稻必需营养元素（C、H、O 除外）的吸收情况进行了分析，发现长期施用高含氯化肥显著抑制早稻对 P、Ca、Mn、Cu 的吸收和晚稻对 Ca、Mn、Cu、Si 的吸收，促进植株对 Cl 和 Zn 的奢侈吸收，妨碍早稻植株中的 P、Cu 和晚稻植株中的 Cu、Zn、Si 向籽粒运输；施用低氯化肥对上述元素也产生了不同程度的影响（表 14.3）。

表 14.3　长期施用含氯化肥对水稻养分吸收的影响（1997 年）

元素	处理	早稻 浓度[①] 稻谷	稻草	总吸收量[②]	谷中分配率（%）	晚稻 浓度[①] 稻谷	稻草	总吸收量[②]	谷中分配率（%）
P	$Cl^-+SO_4^{2-}$	2.77a	1.11a	19.3a	76.0	2.01a	0.93a	12.0a	62.4
	SO_4^{2-}	2.44b	1.15a	17.8ab	71.2	1.96a	0.98a	11.5a	64.9
	Cl^-	2.33b	1.16a	17.3b	70.6	2.03a	0.89a	12.5a	63.8
Ca	$Cl^-+SO_4^{2-}$	0.363a	4.59a	21.1a	9.1	0.520a	5.84a	30.2a	6.4
	SO_4^{2-}	0.350a	4.19b	20.5ab	8.9	0.452b	5.71a	25.2c	6.8
	Cl^-	0.332a	4.01b	19.4b	9.0	0.411b	5.15b	27.9b	5.8
Mn	$Cl^-+SO_4^{2-}$	156a	1020a	5.09a	16.2	158a	1180a	6.29a	9.3
	SO_4^{2-}	145a	980ab	5.13a	14.7	127b	950b	4.39b	11.0
	Cl^-	128b	922b	4.73b	14.2	126b	775c	4.45b	11.2
Cu	$Cl^-+SO_4^{2-}$	16.0a	3.32b	98.7×10^{-3}a	85.9	16.3a	2.28c	71.6×10^{-3}a	84.6
	SO_4^{2-}	13.7b	4.04a	89.4×10^{-3}b	79.8	12.8b	2.57b	59.2×10^{-3}b	82.2
	Cl^-	12.6b	3.86b	82.9×10^{-3}b	79.5	12.4b	2.94a	64.0×10^{-3}b	76.6
Zn	$Cl^-+SO_4^{2-}$	36.2a	45.8b	0.383b	50.0	35.3a	36.4c	0.307b	42.6
	SO_4^{2-}	33.4a	60.5a	0.444a	39.2	31.8b	40.7b	0.288b	41.9
	Cl^-	34.8a	59.5a	0.444a	41.1	30.8b	45.2a	0.352b	34.5
Si	$Cl^-+SO_4^{2-}$	15.6a	50.6b	294a	28.1	16.6a	68.1a	391a	15.7
	SO_4^{2-}	15.0a	50.3a	303a	25.8	9.9b	62.6b	294b	12.7
	Cl^-	14.7a	50.1a	298a	25.9	9.1b	55.7c	319b	11.2
Cl	$Cl^-+SO_4^{2-}$	0.98a	5.74b	29.2b	17.8	1.08a	6.22b	34.1b	11.8
	SO_4^{2-}	1.04a	6.80a	35.8a	15.1	1.14a	7.40b	34.7b	12.5
	Cl^-	1.02a	7.40a	37.9a	14.1	1.12a	8.44a	47.4a	9.3

注：①浓度单位，P、Ca、Si、Cl 为 g/kg，Mn、Cu、Zn 为 mg/kg。②总吸收量=谷吸收量+草吸收量，单位为 kg/hm^2；数据后的不同字母（a、b、c）表示处理间差异达 $P<0.05$ 显著水平（Duncan's 新复极差测验）

就处理间来看，高氯处理（Cl^- 处理）对早稻 P、Ca、Mn 养分吸收的抑制作用比低氯处理（SO_4^{2-} 处理）明显，低氯处理与对照（Cl^-+SO_4^{2-} 处理）没有显著差异，而高氯处理的总吸收量显著降低。

早稻和晚稻比较，由于品种和外部环境（如气候和土壤条件）不同，养分吸收的特点有很大差异。施氯对水稻吸收 P 的影响在早稻中表现得较为显著，可能与早稻需 P 较多且早稻吸 P 临界期（生长前期）温度低有关（邹长明等，2002）；而对植株吸收 Ca、Mn、Si 的影响则在晚稻中表现得更明显，未见类似报道，其机制有待进一步研究；就养分吸收量来看，早稻对 P、Cu、Zn 的总吸收量大于晚稻，而对 Ca 和 Si 的总吸收量则小于晚稻。

根据植物营养学原理，Cl^- 因为与 $H_2PO_4^-$ 在质膜上竞争同一结合位点而相互拮抗（陆景陵，1994），施用磷肥可以降低氯毒害（金安世等，1993），而 Cl^- 是否抑制植株吸收 P 要依系统的养分平衡情况而定，当土壤有效磷含量低时 Cl^- 可抑制 P 的吸收，而土壤有效磷含量高时则不影响（邹邦基，1984）；本试验土壤有效磷（1975～1998 年）一直维持在较高水平（17～21 mg/kg），全磷含量也有所增加，按常理应该不会减少水稻对磷的吸收，但表 14.3 显示，SO_4^{2-} 处理和 Cl^- 处理的早稻稻谷磷浓度仍然显著降低。可见长期施氯后由于土壤环境和养分平衡的改变，即使土壤含有较高的有效磷，植株对磷的吸收也受到了显著的影响。另外，高浓度的 Cl^- 还可能破坏膜系统，影响植株体内某些酶的活性并降低土壤中多种酶的活性而抑制植株对养分的吸收（李廷轩等，2002；程国华，1994）。

从表 14.3 还可看出，Cl^- 不仅抑制了水稻对 P、Ca、Mn、Cu、Si 等元素的吸收，而且抑制了某些元素在植株体内的移动和再分配，表现在施氯处理晚稻稻谷中的 Cu、Zn 浓度低于对照，而稻草中的 Cu、Zn 浓度反而显著高于对照，且随着施氯量的增加，这种现象表现得更明显，早稻稻谷中的 Cu 也有类似现象。这导致施氯处理早稻稻谷中的 Cu 分配率比对照低 6.4%，Zn 分配率比对照低 8.9%，这种现象在晚稻高氯处理中表现得更强烈。其原因可能是过量的 Cl^- 与 Cu^{2+}、Zn^{2+} 形成了稳定的络离子 $CuCl^+$、$ZnCl^+$，妨碍了其被籽粒利用（毛知耘等，2001）；除 Cu 和 Zn 外，P 在早稻中的运输和 Si 在晚稻中的运输可能也受到 Cl^- 的影响，因为施氯处理（尤其是高氯处理）除这些元素的吸收量显著减少外，稻谷中的分配率也比对照低，其机制有待进一步研究。

植株奢侈吸收的 Cl^- 主要集中在稻草中储存（Zn 也如此）。表 14.3 显示，施氯导致稻草中的含氯量显著增加，施高氯则增加更多，而稻谷中的含氯量各处理间并无显著差异。

（二）长期施用含硫化肥对水稻吸收微量元素的影响

1997 年，对包括 Si 在内的水稻必需营养元素（C、H、O 除外）的吸收情况进行了分析，发现长期施硫显著抑制植株对 Mg、Fe、B、Mo 的吸收，并促进植株对 S 的奢侈吸收（表 14.4）。

表 14.4　长期施用含硫化肥对水稻养分吸收的影响（1997 年）

元素	处理	早稻				晚稻			
		浓度[①]		总吸收量[②]	谷中分配率（%）	浓度[①]		总吸收量[②]	谷中分配率（%）
		稻谷	稻草			稻谷	稻草		
Mg	Cl⁻+SO₄²⁻	1.12 a	2.22 a	15.7 a	37.6	1.07 a	2.18 a	15.3 a	27.5
	Cl⁻	1.10 a	2.19 a	15.5 a	36.9	0.83 b	2.10 a	11.8 b	26.8
	SO₄²⁻	1.11 a	1.77 b	13.3 b	44.3	0.84 b	2.02 a	12.9 b	24.2
Fe	Cl⁻+SO₄²⁻	73.1 a	441 a	2.33 a	16.5	45.1 a	234 a	1.37 a	13.0
	Cl⁻	57.8 b	331 b	1.78 b	16.9	47.1 a	220 a	1.08 b	16.5
	SO₄²⁻	57.4 b	305 c	1.58 c	19.3	52.0 b	196 b	1.14 b	16.9
B	Cl⁻+SO₄²⁻	1.79 a	8.33 a	46.1×10⁻³ a	20.4	0.89 a	7.13 a	39.9×10⁻³ a	8.8
	Cl⁻	1.62 a	7.93 ab	43.8×10⁻³ ab	19.2	0.98 a	6.09 b	28.7×10⁻³ b	13.0
	SO₄²⁻	1.55 a	7.60 b	40.0×10⁻³ b	20.5	1.07 a	5.47 b	30.5×10⁻³ b	13.1
Mo	Cl⁻+SO₄²⁻	1.16 a	1.82 a	14.1×10⁻³ a	43.2	1.33 a	1.57 a	13.2×10⁻³ a	39.6
	Cl⁻	0.82 b	1.35 b	10.3×10⁻³ b	41.5	1.30 a	1.45 ab	10.9×10⁻³ b	45.3
	SO₄²⁻	0.82 b	1.21 b	9.4×10⁻³ b	46.2	1.29 a	1.31 b	11.1×10⁻³ b	43.0
S	Cl⁻+SO₄²⁻	0.52 a	1.84 b	10.8 b	25.2	0.38 a	1.50 c	9.14 c	16.4
	Cl⁻	0.54 a	2.64 a	14.6 a	19.2	0.39 a	2.16 b	10.4 b	14.3
	SO₄²⁻	0.53 a	2.88 a	14.8 a	18.9	0.41 a	2.56 a	13.9 a	10.9

注：①浓度单位，Mg、Cl、S 为 g/kg，Fe、B、Mo 为 mg/kg。②总吸收量=谷吸收量+草吸收量，单位为 kg/hm²；数据后的不同字母（a、b、c）表示处理间差异达 $P<0.05$ 显著水平（Duncan's 新复极差测验）

就处理间来看，高硫处理（SO_4^{2-} 处理）对养分吸收的抑制作用比低硫处理（Cl^- 处理）明显，如早稻对 Mg、B 的吸收，低硫处理与对照（$Cl^-+SO_4^{2-}$ 处理）没有显著差异，而高硫处理的总吸收量显著降低，其表现是稻草中的该元素养分浓度显著减少，而稻谷中的该元素养分浓度和积累量并未显著降低，说明累积的 SO_4^{2-} 及其所造成的土壤环境虽然抑制了这些元素的吸收，但并未抑制其在植株体内的移动和再分配，在总吸收量有所减少时，能优先供应籽粒的需要，使稻谷中的元素分配率提高；当过量供应出现奢侈吸收时（如 S），则主要累积在稻草中而使稻谷中的元素分配率降低（表 14.4）。

水稻不同养分元素吸收特性对环境变化的敏感程度有很大差异，如 Fe 和 Mo，无论是低硫还是高硫处理，早稻稻谷中的元素浓度和吸收量都比对照显著降低（表 14.4），说明 SO_4^{2-} 对植株吸收 Fe 和 Mo 产生了显著的抑制作用。SO_4^{2-} 对 Fe 的抑制可能是改变根际环境，降低 Fe 的有效性，如还原条件下产生的 H_2S 与 Fe^{2+} 结合成 FeS；SO_4^{2-} 对 Mo 的抑制是竞争同一吸收位而产生拮抗作用（程国华，1994），因而高硫处理对这些养分吸收的抑制作用比低硫处理更强烈。

　　早稻和晚稻由于生长期间的外部环境（如气候和土壤条件）不同，养分吸收的特点有很大差异，就晚稻来说，无论低硫还是高硫处理，上述微量元素的吸收量都显著低于对照，且各元素在晚稻稻谷中的分配率普遍低于早稻（表 14.4），导致晚稻稻谷产量显著低于早稻（1997 年对照、低硫和高硫 3 个处理的晚稻稻谷产量分别为 3941 kg/hm²、3800 kg/hm² 和 3710 kg/hm²，比早稻分别低 1310 kg/hm²、1401 kg/hm² 和 1590 kg/hm²）。而在试验的最初几年（1981 年以前），SO_4^{2-} 对水稻生长（指稻谷产量和稻米品质）有促进作用；1982～1989 年，SO_4^{2-} 对水稻生长（指稻谷产量）的影响不显著，随着施用时间的延长，SO_4^{2-} 对水稻特别是晚稻的影响越来越明显；到 1990 年（试验持续 16 年后），随着 SO_4^{2-} 的逐渐累积和土壤环境的恶化，水稻产量也明显下降，这与部分营养元素的吸收被抑制也有一定关系。

　　在南方红壤地区淹水种稻条件下，长期施用含氯化肥后 Cl^- 在土壤中的残留率虽然很低，但可使土壤和稻草中的 Cl^- 含量显著增加。尽管 Cl^- 本身在土壤中的积累尚未达到对水稻产生毒害的水平，但可引起土壤生态退化和养分平衡失调而使某些元素（如 K、Ca、Cu、B、Mn）的供应能力降低；更重要的是，植株体内过量的 Cl^- 可能导致植株体内养分平衡失调及酶活性降低，从而减少了水稻对 P、Ca、Mn、Cu、Si 等元素的吸收并妨碍某些元素（如 P、Cu、Zn 和 Si）向籽粒运输或影响其被籽粒利用，而 Ca 和 Si 可增强水稻植株细胞和器官的机械强度（刘铮，1991），缺之易倒伏（本试验的田间调查结果证实高氯处理水稻尤其是晚稻倒伏率较高），缺 Cu 可导致花粉不育，缺 P 和 Ca 可使结实率降低。可见含氯化肥虽然短期无害，但对土壤-水稻系统养分平衡和土壤生态的长期影响不容忽视，生产上不宜长期连续施用同一种化肥，而应及时调整肥料类型。施用含硫化肥 23 年后（1997 年），土壤有效 Cu、有效 B、有效 Mn 及全 Ca 含量有增加趋势，全 Fe 有减少趋势，对有效 Mo、有效 Zn 及总 Mg 似乎没有影响。长期施用含硫化肥已显著减少水稻（特别是晚稻）吸收 Fe、Mo、B、Mg、Cl，并导致水稻（特别是晚稻）产量显著下降。可见，长期施用含硫化肥可能影响水稻土壤性质进而影响水稻生长。

二、长期施用含硫和含氯肥料对水稻氮吸收的影响

（一）水稻各部分氮的吸收动态

　　氮是水稻等作物生长发育所必需的营养元素，作物对氮吸收的多少，能够反映土壤氮营养状况。从 2009 年早稻、晚稻分蘖到成熟整个生育期来看（图 14.1），水稻根、茎鞘、叶片的氮含量都随着生育期的推进呈下降趋势，即分蘖期最高，成熟期最低。比较处理间差异发现，早晚稻体内（根、茎鞘、叶片和穗）氮含量大小顺序为：SO_4^{2-} 处理、$Cl^-+SO_4^{2-}$ 处理>Cl^- 处理。对于早稻来说，各生育时期 SO_4^{2-}

处理、$Cl^-+SO_4^{2-}$处理水稻根部平均含氮量比 Cl^-处理分别高 19.1%和 7.8%；茎鞘平均含氮量比 Cl^-处理分别高 31.3%和 25.2%；叶片平均含氮量比 Cl^-处理分别高22.8%和 20.1%；穗部平均含氮量比 Cl^-处理分别高 24.8%和 23.0%。晚稻生育期间水稻体内氮含量大小及变化趋势与早稻一致。晚稻各生育时期 SO_4^{2-}处理、$Cl^-+SO_4^{2-}$处理水稻根部平均含氮量比 Cl^-处理分别高 21.1%和 12.8%；茎鞘平均含氮量比 Cl^-处理分别高 33.9%和 26.1%；叶片平均含氮量比 Cl^-处理分别高 28.0%和 19.0%；穗部平均含氮量比 Cl^-处理分别高 12.4%和 9.9%。

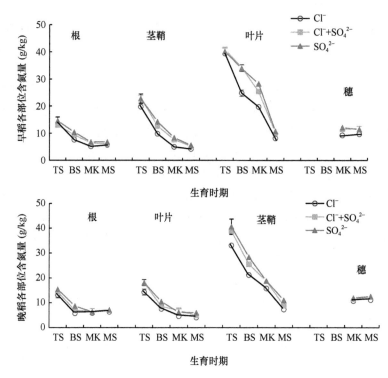

图 14.1　早稻和晚稻生育期间根、茎鞘、叶片和穗的全氮含量动态变化
TS. 分蘖期；BS. 孕穗期；MK. 乳熟期；MS. 成熟期

（二）氮在水稻各部分的累积分配

随着生育时期的推进，早稻、晚稻从分蘖期到成熟期植株体内氮总累积量呈增加趋势，水稻各部分在生育前期氮主要累积在根、茎鞘和叶片部，孕穗后，进入生殖生长阶段，氮主要累积在穗部。

从水稻植株各部分（根、茎鞘、叶片和穗）氮总累积量来看（图 14.2），早稻、晚稻各生育时期都以 SO_4^{2-}处理和 $Cl^-+SO_4^{2-}$处理氮累积量高，Cl^-处理最低。对于早稻来说，SO_4^{2-}处理和 $Cl^-+SO_4^{2-}$处理相比 Cl^-处理分蘖期分别增加 23.9%和38.7%；孕穗期分别增加 107.1%和 106.1%；乳熟期分别增加 72.1%和 73.8%；成熟期分别增加 65.8% 和 86.0%。晚稻植株体内氮总累积量，各生育时期 SO_4^{2-} 处理和 $Cl^-+SO_4^{2-}$ 处理比 Cl^- 处理显著增加。其中，分蘖期分别增加 84.4% 和 104.8%；孕穗期分别增加 69.6% 和 52.9%；乳熟期分别增加 48.6% 和 42.3%；成熟期分别增加 47.6% 和 74.0%。对于 SO_4^{2-} 处理、$Cl^-+SO_4^{2-}$ 处理和 Cl^- 处理来说，每季施氮量是相等的，SO_4^{2-} 处理和 $Cl^-+SO_4^{2-}$ 处理水稻吸收氮量高于 Cl^- 处理，由此说明施用含硫化肥可以促进水稻各部分对氮的吸收和累积。

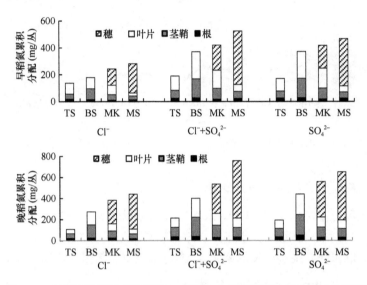

图 14.2　早稻和晚稻生育期间根、茎鞘、叶片和穗的全氮累积分配情况

TS. 分蘖期；BS. 孕穗期；MK. 乳熟期；MS. 成熟期

三、长期施用含硫和含氯肥料对水稻磷吸收的影响

（一）水稻各部分磷的吸收动态

施肥 34 年后，早稻、晚稻生育期间 SO_4^{2-} 处理和 $Cl^-+SO_4^{2-}$ 处理水稻各部位磷含量高于 Cl^- 处理（图 14.3）。随着生育期的推进，早稻、晚稻根、茎鞘和叶片含磷量呈下降趋势，而晚稻穗部在成熟期含磷量仍处于较高水平。

对于早稻来说，生育期间 SO_4^{2-} 处理和 $Cl^-+SO_4^{2-}$ 处理植株各部位含磷量比 Cl^- 处理明显高，根部平均含磷量分别比 Cl^- 处理增加 129.4% 和 155.7%；茎鞘平均含磷量分别比 Cl^- 处理增加 46.8% 和 52.6%；叶片平均含磷量分别比 Cl^- 处理增加 46.5% 和 50.8%；穗部平均含磷量分别比 Cl^- 处理增加 3.6% 和 13.3%。晚稻植株各部分含磷量也以 SO_4^{2-} 处理和 $Cl^-+SO_4^{2-}$ 处理高，生育期间根部平均含磷量分别比 Cl^- 处理高出 73.0% 和 65.3%；茎鞘平均含磷量分别比 Cl^- 处理高出 16.1% 和 22.9%；叶片平均含磷量分别比 Cl^- 处理高出 42.9% 和 27.9%；穗部平均含磷量分别比 Cl^- 处理高出 3.2% 和 7.5%。

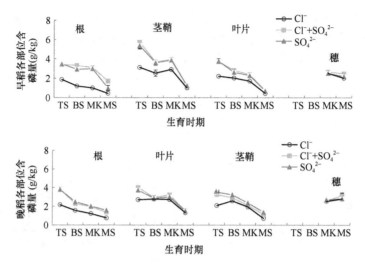

图 14.3　早稻和晚稻生育期间根、茎鞘、叶片和穗的全磷含量动态变化

TS. 分蘖期；BS. 孕穗期；MK. 乳熟期；MS. 成熟期

（二）磷在水稻各部分的累积分配

从磷累积分配上看（图 14.4），水稻生育初期以营养生长为主，其中叶片累积磷量较根、茎鞘多，孕穗后，磷迅速向穗部转移，至成熟时，以穗部磷含量最多，茎鞘次之，根和叶片最少。长期施肥 34 年对水稻根、茎鞘、叶片和穗部磷累积量

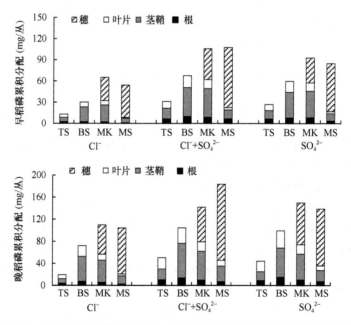

图 14.4　早稻和晚稻生育期间根、茎鞘、叶片和穗的全磷累积分配情况

TS. 分蘖期；BS. 孕穗期；MK. 乳熟期；MS. 成熟期

也有明显的影响，处理间各部位磷累积量大小顺序为：SO_4^{2-} 处理、$Cl^-+SO_4^{2-}$ 处理>Cl^- 处理。

从早稻磷总累积量上来看，SO_4^{2-} 处理、$Cl^-+SO_4^{2-}$ 处理磷总累积量比 Cl^- 处理显著增加，分蘖期分别增加107.2%和139.1%；孕穗期分别增加97.7%和123.9%；乳熟期分别增加43.0%和62.9%；成熟期分别增加56.9%和98.9%。对于晚稻来说，SO_4^{2-} 处理、$Cl^-+SO_4^{2-}$ 处理磷总累积量比 Cl^- 处理分蘖期分别增加 130.5%和162.1%；孕穗期分别增加37.9%和45.0%；乳熟期分别增加30.1%和36.4%；成熟期分别增加33.1%和76.4%。

由上文分析知，长期施肥 34 年后，早稻、晚稻生育期间 Cl^- 处理土壤有效磷含量显著低于 SO_4^{2-} 处理和 $Cl^-+SO_4^{2-}$ 处理，进而影响水稻对磷的吸收利用，以至于影响到水稻各部位（根、茎鞘、叶片和穗）对磷的吸收和累积。

四、长期施用含硫和含氯肥料对水稻钾吸收的影响

（一）水稻各部分钾的吸收动态

钾也是水稻生长发育所必需的元素，其在土壤和植株体内移动性较强。有研究认为，土壤中 Cl^- 含量高时，植株吸收 Cl^- 量增加，为保持电荷平衡，需要吸收带正电荷的 K^+ 来平衡，因而植株吸收的钾就多。

本试验施肥 34 年后，早稻和晚稻不同处理各部位含钾量有一定的差异（图 14.5），总体表现为 Cl^- 处理植株体内含钾量较高。早稻不同生育期间含钾量有一定的上下波动，分蘖期、孕穗期不同部位含钾量差异较小，但乳熟期后，处理间穗部含钾量差异明显，其中 Cl^- 处理比 SO_4^{2-} 处理含钾量高出 12.4%。晚稻整个

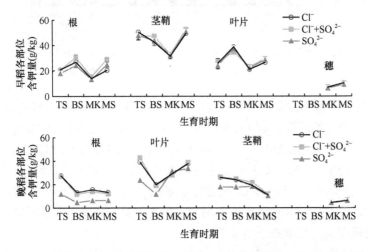

图 14.5　早稻和晚稻生育期间根、茎鞘、叶片和穗的全钾含量动态变化

TS. 分蘖期；BS. 孕穗期；MK. 乳熟期；MS. 成熟期

生育期间 Cl⁻处理和 Cl⁻+SO₄²⁻处理各部位含钾量都高于 SO₄²⁻处理水稻，Cl⁻处理和 Cl⁻+SO₄²⁻处理根部平均含钾量比 SO₄²⁻处理高出 138.9%和 122.2%；茎鞘平均含钾量比 SO₄²⁻处理高出 26.1%和 28.7%；叶片平均含钾量比 SO₄²⁻处理高出 25.5%和 32.5%；穗部平均含钾量比 SO₄²⁻处理高出 1.8%和 7.5%。

（二）钾在水稻各部分的累积分配

从钾在水稻体内累积量分配上来看（图 14.6），与氮、磷相似，生育前期水稻的钾主要累积在根、茎、叶中，进入生殖生长阶段后，钾向穗部转移。但是各处理成熟期穗部钾累积分配率小于穗部氮和磷的累积分配率，水稻各部位钾累积量大小顺序为：茎鞘>穗>叶片和根部。

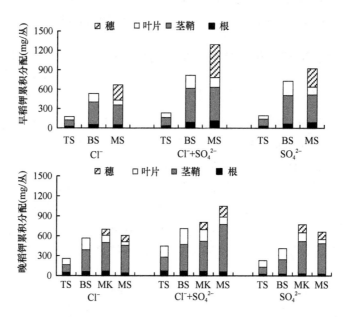

图 14.6　早稻和晚稻生育期间根、茎鞘、叶片和穗的全钾累积分配情况

TS. 分蘖期；BS. 孕穗期；MK. 乳熟期；MS. 成熟期

比较处理间差异发现，与钾吸收量不同，早稻、晚稻各部分钾累积量以 SO₄²⁻处理和 Cl⁻+SO₄²⁻处理高。对于早稻来说，分蘖期 SO₄²⁻处理和 Cl⁻+SO₄²⁻处理比 Cl⁻处理分别增加 11.0%和 32.9%；孕穗期比 Cl⁻处理分别增加 36.1%和 52.7%；成熟期比 Cl⁻处理分别增加 37.6%和 93.3%。对于晚稻来说，以 Cl⁻+SO₄²⁻处理钾总累积量最高，生育前期（分蘖期至孕穗期）Cl⁻处理钾总累积量高于 SO₄²⁻处理，生育后期（乳熟期至成熟期）SO₄²⁻处理吸收累积钾增多，尤其茎鞘、叶片和穗部钾累积增加，致使 SO₄²⁻处理钾总累积量高于 Cl⁻处理。

五、长期施用含硫和含氯肥料对水稻硫吸收的影响

（一）水稻各部分硫的吸收动态

长期施用含硫化肥对水稻各部分吸收硫有明显的影响。施用硫肥能促进水稻对硫的吸收，提高水稻体内硫浓度。

本试验施肥 34 年后，对于早稻来说，根、茎鞘、叶片和穗在整个生育期间都以 SO_4^{2-} 处理吸收硫最高，$Cl^-+SO_4^{2-}$ 处理其次，Cl^- 处理水稻各部分吸收硫最少（图 14.7）。SO_4^{2-} 处理和 $Cl^-+SO_4^{2-}$ 处理生育期间根部平均含硫量比 Cl^- 处理增加 15.2% 和 6.6%；茎鞘平均含硫量比 Cl^- 处理增加 38.7% 和 11.6%；叶片平均含硫量比 Cl^- 处理增加 23.0% 和 0.9%；穗平均含硫量比 Cl^- 处理增加 17.2% 和 7.5%。晚稻植株地上部分（茎鞘、叶片和穗部）也以 SO_4^{2-} 处理含硫量最高，茎鞘、叶片和穗生育期间平均含硫量分别比 Cl^- 处理高 26.6%、21.6% 和 15.3%，而各处理间晚稻根部含硫量差异不显著。

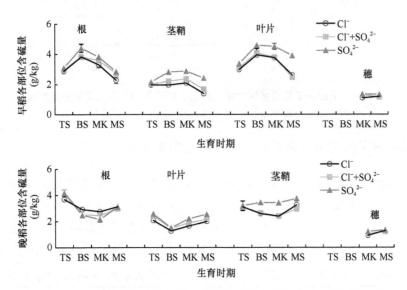

图 14.7　早稻和晚稻生育期间根、茎鞘、叶片和穗的全硫含量动态变化

TS. 分蘖期；BS. 孕穗期；MK. 乳熟期；MS. 成熟期

（二）硫在水稻各部分的累积分配

长期施肥 34 年，施硫处理（SO_4^{2-} 处理和 $Cl^-+SO_4^{2-}$ 处理）提高了硫在水稻各部分的累积（图 14.8）。早稻分蘖期 SO_4^{2-} 处理和 $Cl^-+SO_4^{2-}$ 处理各部位硫总累积量比 Cl^- 处理分别增加 32.8% 和 37.4%；孕穗期比 Cl^- 处理分别增加 81.7% 和 60.8%；乳熟期比 Cl^- 处理分别增加 56.5% 和 46.8%；成熟期比 Cl^- 处理分别增加 79.2% 和

61.5%。对于晚稻各部位硫总累积量而言，分蘖期SO_4^{2-}处理和$Cl^-+SO_4^{2-}$处理比Cl^-处理分别增加49.9%和67.4%；孕穗期分别增加42.3%和33.9%；乳熟期分别增加51.0%和26.8%；成熟期分别增加38.2%和54.2%。早稻、晚稻生育后期（乳熟期至成熟期）硫主要向穗部累积，各部分硫累积量大小顺序为：穗>茎鞘>叶片>根。

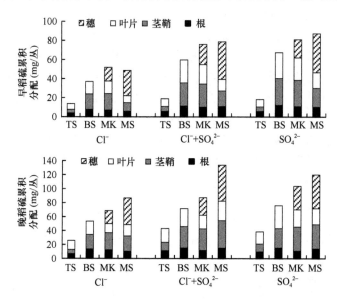

图 14.8 早稻和晚稻生育期间根、茎鞘、叶片和穗的全硫累积分配情况

TS. 分蘖期；BS. 孕穗期；MK. 乳熟期；MS. 成熟期

六、长期施用含硫和含氯肥料对水稻氯吸收的影响

据施肥 22 年后早稻、晚稻成熟期水稻谷草氯浓度及其氯累积分配状况，氯在水稻体内主要累积在稻草中，稻谷中氯累积分配量较少，占 9.3%～17.8%（表 14.5）。长期施氯（Cl^-处理）对稻谷中氯浓度没有显著影响，而Cl^-处理稻草中氯浓度显著高于不施用含氯化肥的SO_4^{2-}处理。早稻和晚稻谷草中氯总吸收量

表 14.5 施用含硫与含氯化肥 22 年后对早稻、晚稻氯吸收、累积和分配的影响

季别	处理	浓度（g/kg）		总吸收量（kg/hm²）	谷中分配率（%）
		稻谷	稻草		
	Cl^-	1.02a	7.40a	37.9a	14.1
早稻	$Cl^-+SO_4^{2-}$	1.04a	6.80a	35.8a	15.1
	SO_4^{2-}	0.98a	5.74b	29.2b	17.8
	Cl^-	1.12a	8.44a	47.4a	9.3
晚稻	$Cl^-+SO_4^{2-}$	1.14a	7.40b	34.7b	12.5
	SO_4^{2-}	1.08a	6.22c	34.1b	11.8

注：数据后不同小写字母表示处理间差异达 $P<0.05$ 显著水平

也以 Cl⁻处理最高，分别比 SO₄²⁻处理增加 29.8%和 39.0%。由上文分析可知，Cl⁻处理早稻、晚稻生育期间土壤中有高浓度的 Cl⁻，进而促进了水稻对氯的吸收累积。

第三节　不同施肥下水稻农艺性状的变化

一、长期施肥对水稻分蘖的影响

水稻的分蘖情况可以从一个侧面反映植株的营养状况，以 1991 年早稻和晚稻为例，早稻供试品种为'威优 48-2'，晚稻为'V64'。

早稻施用 Cl⁻肥料能加速水稻分蘖，促进水稻的生长（图 14.9，图 14.10）。施用 Cl⁻肥料苗数（分蘖盛期）比施用 SO₄²⁻肥料增加 87.5 万株/hm²（1991 年 5 月 26 日调查），平均株高增加 2.6 cm（1991 年 6 月 8 日孕穗期调查，品种为'威优 48-2'）。晚稻同早稻一样，施用 Cl⁻肥料能加速水稻分蘖，能促进水稻的生长。施用 Cl⁻肥料苗数（分蘖盛期）比施用 SO₄²⁻肥料增加 190 万株/hm²（1991 年 8 月 5

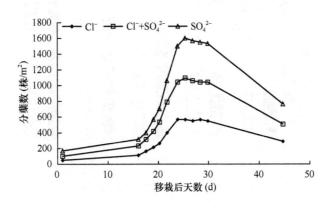

图 14.9　不同施肥处理早稻分蘖动态（1991 年）

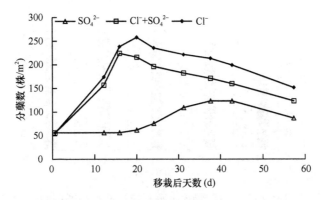

图 14.10　不同施肥处理晚稻分蘖动态（1991 年）

日调查,品种为'V64'),平均株高增加 12.9 cm(1991 年 8 月 16 日分蘖盛期调查)。这可能是由于在湿润地区施氯越多,土壤积累越多,淋溶的也越多,土壤含氯不可能很高,氯不会产生毒害作用(宁运旺等,2001)。说明在南方稻田长期施用 NH_4Cl,不仅肥效稳定,而且土壤无氯残留,NH_4Cl 的肥效好于$(NH_4)_2SO_4$。

由图 14.9 和图 14.10 可以看出。早稻前期,试验各处理分蘖速度变化不大,中、后期,随着温度升高,试验各处理的分蘖速度加快,分蘖苗数明显增加。而晚稻前期,试验各处理分蘖速度较早稻快,这是因为早稻前期气温低,晚稻前期气温高。高温淹水条件下,晚稻生长期间 SO_4^{2-} 处理田间土壤氧化还原电位很低,影响晚稻的分蘖和产量。

二、长期施肥对水稻株高的影响

水稻的株高可以从一个侧面反映水稻的生长状况,水稻(无论是早稻还是晚稻)不同生育期各处理的株高变化比较明显(图 14.11~图 14.13)。施肥 34 年后,

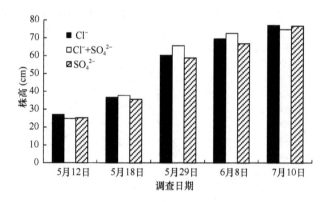

图 14.11 不同施肥处理早稻株高影响(1991 年)

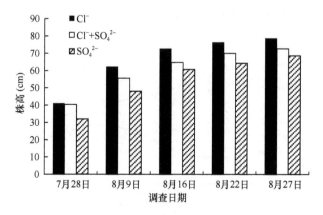

图 14.12 不同施肥处理晚稻株高影响(1991 年)

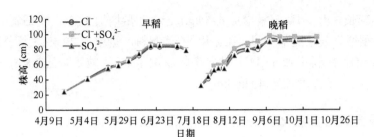

图 14.13　2009 年早稻、晚稻株高动态变化情况

早稻移栽后至灌浆期（6 月 26 日）植株长到最高，Cl⁻处理、Cl⁻+SO₄²⁻处理、SO₄²⁻处理株高平均增长 0.91 cm/d、0.95 cm/d、0.94 cm/d；晚稻在移栽后至灌浆期（9 月 9 日）植株最高，三处理株高平均增长 1.30 cm/d、1.40 cm/d、1.23 cm/d。此后，随着生育进程的推进，早稻、晚稻株高又呈现持平或下降。不同施肥处理对早稻株高的影响差异不显著，从移栽至成熟（4 月 22 日到 7 月 14 日）Cl⁻处理、Cl⁻+SO₄²⁻处理、SO₄²⁻处理株高平均都增长约 0.66 cm/d。晚稻 SO₄²⁻处理株高下降，整个生育期间水稻增高为 0.73 cm/d，比 Cl⁻处理、Cl⁻+SO₄²⁻处理分别减少 8.5%、10.1%，成熟期株高比 Cl⁻处理、Cl⁻+SO₄²⁻处理分别减少 6.0%、6.8%。通过对晚稻生育期间的调查及测定，SO₄²⁻处理土壤中 SO₄²⁻累积，pH 较低，酸化明显，水稻根部出现明显的黑根现象，其营养生长的中心不再为向上，而是向四周延伸，所以植株较矮。

三、长期施肥对水稻产量构成因子的影响

长期施用含 SO₄²⁻和 Cl⁻肥料，使水稻生长及分蘖产生差异，必然会对水稻的成穗和结实率产生影响。试验结果表明（表 14.6），早稻施用含 Cl⁻肥料和施用 SO₄²⁻肥料相比较，每公顷有效穗数能够增加 3.8%，结实率降低 2.6%，千粒重降低 1.0 g，

表 14.6　长期施用含 SO₄²⁻和 Cl⁻肥料后水稻产量构成因子（1991 年早稻为 'V48-2'，1996 年晚稻为 '6017'）

季别	处理	有效穗数（万穗/hm²）	每穗粒数（粒/穗）	全生育期（d）	结实率（%）	千粒重（g）	稻草干重（kg/hm²）	实际产量（kg/hm²）	较 SO₄²⁻肥料增产（%）
早稻	Cl⁻	272.5	86	108	73.3	25	5000	5080.5	3.3
	Cl⁻+SO₄²⁻	195	75	108	66.5	28	5000	4639.5	
	SO₄²⁻	262.5	83	105	75.9	26	4375	4920.0	
晚稻	Cl⁻	412.5	159	118	61.6	25	9360	4180.5	29.4
	Cl⁻+SO₄²⁻	363	192	118	56.8	20	8000	4399.5	
	SO₄²⁻	262.5	151	113	73.5	20.8	4920	3229.5	

全生育期延长 3 d，稻草干重增加 625 kg/hm^2，产量增加 3.3%。晚稻施用含 Cl$^-$肥料，较早稻增产效果更加明显，比施用 SO$_4^{2-}$肥料产量增加 29.4%，每公顷有效穗数比施用 SO$_4^{2-}$肥料增加 57.1%，结实率降低 11.9%，千粒重降低 0.8 g，全生育期延长 5 d，稻草干重增加 4440 kg/hm^2。

四、施用含硫与含氯化肥 34 年后对水稻品质的影响

如图 14.14 所示，施肥 34 年后，施硫的 SO$_4^{2-}$处理糙米粗蛋白含量（粗蛋白含量=全氮含量×5.95）比不施硫的 Cl$^-$处理显著增加，早稻 SO$_4^{2-}$处理粗蛋白含量比 Cl$^-$处理高出 9.3%，晚稻 SO$_4^{2-}$处理粗蛋白比 Cl$^-$处理高出 10.9%。由此表明，长期施用含硫化肥能够促进水稻稻米蛋白质的累积，在一定程度上提高水稻品质。可能是由于硫是蛋白质中蛋氨酸、胱氨酸和半胱氨酸重要的组成元素，施用含硫化肥能促进水稻糙米对硫的吸收，增加这些氨基酸的含量，从而增加稻米蛋白质含量，改善水稻品质。另据周勇等（1995）研究发现，喷施一定浓度的 Cl$^-$能抑制淀粉合成酶的活性，使稻米品质变劣。由此说明相比施用含氯化肥，施用含硫化肥能促进糙米蛋白质的合成。

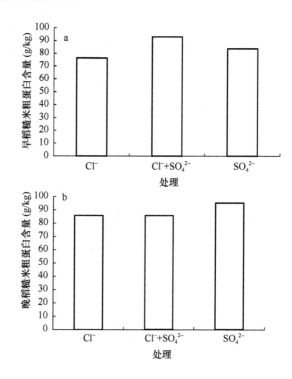

图 14.14　2009 年早稻（a）和晚稻（b）糙米粗蛋白含量变化情况

第四节 不同施肥对水稻产量的影响

一、长期施用含硫和含氯肥料对稻谷产量的影响

通过对1982~2015年产量数据的统计分析，长期施用 Cl^-、$Cl^- + SO_4^{2-}$ 与 SO_4^{2-} 肥料，早稻、晚稻产量随施肥年份均呈下降趋势（图14.15）。3个处理历年平均产量表现为 Cl^- 处理高于 $Cl^- + SO_4^{2-}$ 处理，SO_4^{2-} 处理产量最低，Cl^-、$Cl^- + SO_4^{2-}$ 与 SO_4^{2-} 3个处理早稻稻谷产量分别为 5699 kg/hm²、5653 kg/hm²、5629 kg/hm²，晚稻稻谷产量分别为4804 kg/hm²、4647 kg/hm²、4598 kg/hm²，处理之间差异不显著。早稻和晚稻 Cl^- 处理相比较 SO_4^{2-} 处理分别增产1.2%和4.5%。

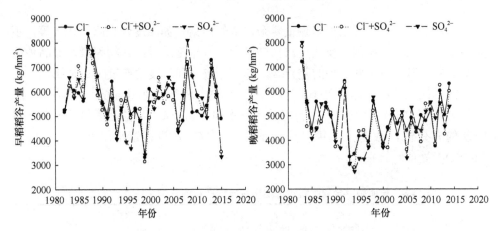

图 14.15 早稻、晚稻各处理产量变化（1982~2015 年）

不同于氮、磷、钾等大量元素，硫、氯在土壤中积累或缺少需要较长的时间过程。加上外界环境的影响，其对水稻生长的影响更缓慢。本试验过程中，施硫和施氯（缺硫处理）的条件下水稻产量呈现出 3 个明显阶段（表 14.7）。在 1990 年（试验进行 15 年）以前，各处理之间水稻产量无显著差异，且水稻产量随年份上下波动，无明显的下降趋势。1991~1999 年，各处理产量开始缓慢下降，尤其是施硫处理，其早稻、晚稻产量均显著低于施氯处理（缺硫处理），主要原因是长期施硫造成土壤理化环境的恶化，土壤 pH 和氧化还原电位（Eh）下降（邹长明等，2006）。2000~2015 年，各处理水稻产量又出现平缓上升趋势，施硫处理与施氯处理（缺硫）之间无显著差异。该试验结果表明，在南方红壤丘陵区，水稻不施硫，40 年之后没有发生明显缺硫症状，这主要与大气和灌溉水等能供应水稻生长所需的硫营养有关。长期施硫处理，由于土壤中 SO_4^{2-} 极易随水流走，水稻产量到后期缓慢回升的这种变化趋势与土壤 SO_4^{2-} 含量变化有关。

表 14.7　1982～2015 年各处理早稻、晚稻均产的差异情况　（单位：kg/hm²）

季别	处理	施肥年份				历年均产
		1982～1990 年	1991～1999 年	2000～2008 年	2009～2015 年	
早稻	Cl^-	6355a	5050a	5649a	5585a	5699a
	$Cl^-+SO_4^{2-}$	6288a	4971ab	5528a	5637a	5653a
	SO_4^{2-}	6305a	4572b	5764a	5613a	5629a
晚稻	Cl^-	5296a	4650a	4581a	5189a	4804a
	$Cl^-+SO_4^{2-}$	5028a	4482a	4335a	5223a	4647a
	SO_4^{2-}	5230a	3916b	4529a	5189a	4598a

注：同一列不同字母表示处理间达显著差异（$P<0.05$）

二、长期施用含硫和含氯肥料对稻草产量的影响

影响水稻产量的因素很多也很复杂，气候因素，如温度、光照、降水等，不同的年度可能大不相同，反映在水稻产量上也有年度差异；作物因素，如品种的年度更换、迟熟与早熟品种的差异等，都可导致不同年度的产量时高时低。

施 SO_4^{2-} 肥料的稻草平均产量比 $Cl^-+SO_4^{2-}$ 增产 199 kg/hm²，增幅 4.2%（表 14.8）。长期施用含 SO_4^{2-} 肥料能够提高水稻生物产量。硫酸盐肥料能提高土壤中磷的有效性，改善土壤钾供应状况。而施 Cl^- 肥料稻草平均产量则略低于 $Cl^-+SO_4^{2-}$ 处理。

表 14.8　长期施用含硫肥料对水稻稻草年均产量的影响（1982～2007 年）

处理	早稻（kg/hm²）	晚稻（kg/hm²）	双季总产（kg/hm²）	平均（kg/hm²）	比 $Cl^-+SO_4^{2-}$ 增减产（kg/hm²）	增幅（%）
Cl^-	4330	4595	8925	4463	−64	−1.4
$Cl^-+SO_4^{2-}$	4379	4675	9054	4527	0	0
SO_4^{2-}	4577	4875	9452	4726	+199	+4.4

三、长期施用含硫和含氯肥料水稻产量与其驱动因子的响应关系

（一）土壤中 SO_4^{2-}-S、Cl^- 累积对水稻产量的影响

为进一步探讨长期施用含硫与含氯肥料对水稻生长发育的影响，对水稻年总产量和土壤 SO_4^{2-}、Cl^- 含量进行相关分析（图 14.16）。在长期施用含硫或含氯肥料下，早稻、晚稻年总产量与土壤中 SO_4^{2-}-S 含量显著负相关。由此可知土壤中适量的 SO_4^{2-}-S 浓度通常有利于水稻增产，过量 SO_4^{2-} 在土壤中累积，易于在还原性强的水田环境生成有害物质（H_2S），从而对水稻生长发育造成不良影响，导致

水稻产量显著下降。由于受水稻品种改善、环境保护加强引起大气硫沉降越来越少，以及土壤硫易流失等因素影响，试验后期（2000 年后）土壤有效硫含量迅速下降，其对水稻产生的负面影响随之消失，水稻产量逐渐增加。水稻为耐氯性强作物，长期施用含氯肥料，土壤 Cl⁻含量累积极其缓慢，因此长期施氯不会对水稻产生不良影响。

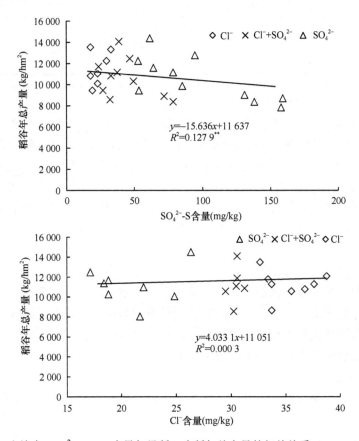

图 14.16　土壤中 SO_4^{2-}-S、Cl⁻含量与早稻、晚稻年总产量的相关关系（1982～2008 年）

（二）长期施 SO_4^{2-}、Cl⁻肥料水稻产量与其构成因子的关系

长期不同施肥处理下水稻产量与经济性状表现出一致的关系，Cl⁻、Cl⁻+SO_4^{2-}、SO_4^{2-}等各处理总体水稻产量与有效穗数呈极显著负相关关系，与每穗实粒数和千粒重呈极显著正相关关系（表 14.9）。

用通径分析和逐步回归分析对产量构成三要素与产量的关系进行研究，结果表明 Cl⁻、Cl⁻+SO_4^{2-}、SO_4^{2-}等各处理总体产量与其构成要素的偏回归方程为

早稻：$Y=-2341.65+3.43X_1+11.48X_2+240.73X_3$

晚稻：$Y=-360.59-1.50X_1+10.35X_2+179.63X_3$

表 14.9　各处理总体早稻、晚稻构成要素对产量的作用情况

季别	产量因子	直接通径系数	间接通径系数			偏相关系数	总相关系数
			→X_1	→X_2	→X_3		
早稻	X_1	0.283		−0.083	−0.467	0.272	−0.267
	X_2	0.217	−0.108		0.022	0.257	0.131
	X_3	0.803**	−0.165	0.006		0.655**	0.644**
晚稻	X_1	−0.077		−0.075	−0.001	−0.076	−0.153
	X_2	0.160	0.036		−0.151	0.149	0.045
	X_3	0.487**	0.000	−0.050		0.461**	0.437**

注：X_1 为有效穗数，X_2 为每穗实粒数，X_3 为千粒重；*，**分别表示 0.05 和 0.01 水平的显著性

分析方程的偏回归系数可知，X_1（有效穗数）增加 100 万穗/hm^2 时，早稻增产 343 kg/hm^2，晚稻减产 150 kg/hm^2；X_2（每穗实粒数）增加 10 粒时，早稻增产约 115 kg/hm^2，晚稻增产约 104 kg/hm^2；X_3（千粒重）增加 1.0 g，早稻增产约 241 kg/hm^2，晚稻增产约 180 kg/hm^2。

直接通径系数即为标准偏回归系数，也就是产量因子在其他因子不变的情况下增加一个标准单位时产量增加的标准单位数，由表 14.9 可知，早稻产量构成三要素对产量的作用大小依次为千粒重>有效穗数>每穗实粒数；晚稻产量构成三要素对产量作用大小依次为千粒重>每穗实粒数>有效穗数。

偏相关系数表示当其他产量构成要素保持一定时，单个产量构成要素与产量的关系。分析可知，千粒重与产量的偏相关系数为正，且达到极显著水平。总相关系数为直接通径系数和间接通径系数之和，能够表示构成要素对产量的总效应。早稻、晚稻总相关系数大小顺序为千粒重>每穗实粒数>有效穗数，其中，千粒重达极显著相关水平。

由此表明产量构成三要素中千粒重对水稻产量的作用最大，即长期施用 Cl$^-$、Cl$^-$+SO$_4^{2-}$、SO$_4^{2-}$ 肥料条件下，有效穗数和每穗实粒数一定时，增加早稻、晚稻的千粒重可以显著提高产量。

第四篇　双季稻田可持续利用施肥技术模式

第十五章　红壤双季稻田可持续利用的施肥技术

我国水稻栽培已有七千多年的历史,尤其以长江、黄河流域为多,从世界范围看,水稻土分布极广。凡气候适宜,又有水源可资灌溉的地方,无论何种土壤均可经由种植水稻而形成。水稻土水平分布的幅度可以从炎热的赤道延伸至高纬度的寒冷地区(北纬53°至南纬40°),横跨几个热量带;其垂直分布可从平原、丘陵、山地直至高达2600 m的高原。主要分布在北纬35°至南纬23°,其中以亚洲为最多。全世界水稻土的总面积约有20亿亩[①],中国约3.8亿亩。其中红壤地区水稻土多分布在我国华南、华东、长江中下游地区,分布广泛,该区高温多雨,无霜期长,种植双季稻。由于水淹时间长,因而有机质积累作用强,有机质含量高,由于来自母质的矿质成分少,土壤有机质的组成简单,因此维持相当数量的有机质是水稻高产的重要物质基础。

红壤地区稻田面临的现状和存在的问题有以下几方面:一是部分农民对耕地“重用轻养”,采取掠夺式生产经营;二是施肥不合理,有机肥施用比例逐年减少,无机肥施用比例逐年上升,目前施肥以“无机肥为主,有机肥为辅”,不仅造成化肥利用率低,而且导致肥效和土壤肥力下降;三是过量施用化肥、农药,对耕地的污染不断加剧。直接后果是投入增加,管理粗放,生产效益低,耕地地力下降,农田环境污染加重。针对这些问题,结合长期试验积累的成果和研究经验,提出红壤稻田可持续利用的施肥技术模式,对实现红壤稻田增产、增效、绿色可持续发展具有重要意义。

第一节　培肥地力与维持水稻高产稳产的施肥模式

土壤肥力对作物生长具有重要的作用,农耕系统若要持续健康发展,保持高肥力土壤是重要途径。无论是传统农业,还是现代农业,培肥土壤都是永恒不变的主题。高质量的水稻土应具有以下基本特征。①有良好的土体构型:高产水稻土剖面层次发育极为明显,土体构型为A-P-W-C型或A-P-W-G型,一般在剖面深度60 cm内无永久性清泥层及其他障碍层次。一般要求其耕作层(A)超过15 cm,因为水稻的根系80%集于耕作层;其次是有良好发育的犁底层(P),厚5~7 cm,以利托水托肥。心土层为潜育层(W),应该是垂直节理明显,利于水分下渗和处于氧化状态。底土层(C)黏重紧实,保水性强。潜育层(G)含有较多的还原物

---

① 1亩≈666.7 m²。

质，土壤呈青灰色。②适量的有机质和较高的土壤养分含量：一般土壤有机质以20～50 g/kg 为宜，过高或过低均不利于水稻生育。水稻生育所需氮的59%～84%、磷的58%～83%、钾的全部都来自土壤，因此肥沃水稻土必须有较高的养分储量和供应强度，前者决定于土壤养分，特别是有机质的含量，后者决定于土壤的通气和氧化程度。③水气肥协调：水稻虽然是喜水作物，但水分不能更新则影响水稻根系活力，因此需要保证空气交换，而且肥力需要适中，不宜过肥，也不宜过于贫瘠，氮、磷等元素需要合理。④耕层熟化度较高：在旱成土或新的水稻土中，耕层有机质含量多在 15 g/kg 以下，在高度熟化阶段，耕层有机质含量一般超过20 g/kg。

然而近年来，由于各地重化肥、轻有机肥，有机肥用量逐年减少，肥料经济效益总体下降，土壤肥力恶变。有机肥在改土培肥、净化废物、提高作物产量和改善作物品质方面已被国内外不少研究所证实。有机肥不仅能为作物提供生长所需的大量营养元素，还是作物微量元素的良好肥源。连续施用有机肥料能增加土壤有机质，降低土壤有机、无机复合度，改善土壤物理性状，降低土壤容重，增加孔隙度。连续施用有机肥，有利于保持和提高土壤中氮磷钾养分储量，后效长。有机肥与化肥配合施用，以有机肥之长，补无机肥之短，快稳合理搭配，是创造容易促、控的高产土壤条件下不可缺少的措施，两者不可相互代替。为此，基于有机肥和化肥配施长期定位试验，研究主要施肥模式对土壤肥力及水稻产量的影响，为当前化肥和有机肥的合理施用提供指导和科学依据。

红壤性水稻土 30 年长期不同施肥结果表明，有机无机肥配施（NPKM、NPM、NKM、PKM）能提高水稻产量。连续施用化肥 7 年后，晚稻产量开始表现为较其他施肥处理降低；长期施用有机肥，对晚稻的增产效果优于早稻，单施有机肥的历年平均早稻、晚稻及年度产量均高于单施化肥处理；施肥时间越长，各处理间水稻产量的差异越显著。

施肥能够明显提高红壤性水稻土的有机质、全氮和碱解氮含量。单施化肥处理的土壤有机质含量仅在试验开始后 8 年内上升较快，之后便处于相对稳定状态，而施有机肥，土壤有机质维持平衡的时间更长、含量更高。每年增加 1 t/hm^2 的碳输入（有机物质输入腐解 1 年后的残留碳量），红壤性水稻土可固碳 0.36 t［固碳速率为 0.36 t/（hm^2·a）］。可以说，不同施肥条件下，外源碳输入的变化是土壤固碳差异的原因，而良好的施肥措施可以促进外源碳的土壤固定。单施有机肥或有机无机肥配施对提高土壤全氮、碱解氮含量的效果优于单施化肥，且随着施肥时间的延长效果越明显。有机氮和化肥氮配合施用，土壤氮处于盈余状态。当红壤性水稻土氮处于平衡状态时，土壤全氮、碱解氮含量分别约为 2.02 g/kg、133 mg/kg。由于土壤全氮含量与土壤氮盈亏量关系的斜率很小（为 0.0029），因此，依靠土壤氮的盈余来提高红壤性水稻土全氮含量的可能性较小。

施肥能明显提高红壤性水稻土的有效磷、速效钾和缓效钾含量。土壤有效磷的累积主要与化学磷肥的施用有关，以化学磷肥和有机肥配合施用处理（NPKM、NPM、PKM）的累积速度最快，不施化学磷肥的处理（M、NKM）最低，单施化肥的处理（NPK）居中。长期不施磷或施磷量较低，土壤磷亏损严重，在较高施磷水平下，有一定数量的磷盈余，只有氮、磷、钾平衡施肥及有机无机肥配施，才能既改善土壤质量又降低对环境的不利影响。有机肥和化学钾肥配施的处理（NPKM、NKM、PKM）土壤速效钾增加最快，单施化肥（NPK）增加最慢，不施化学钾肥而施有机肥的处理土壤速效钾仍比单施化肥（NPK）有所增加，可维持土壤速效钾不亏损，施用有机肥可减少化学钾肥的投入。不同处理红壤性水稻土基本处于缺钾状态，土壤钾平衡值均为负值，说明增施钾肥是维持土壤钾平衡的有效措施。红壤性水稻田至少每年应补充投入钾 200 kg/hm^2 才能基本维持土壤的钾平衡。

施有机肥可减小土壤容重，增加孔隙度，改良土壤结构，显著提高土壤的保水能力，同时能改善水稻土微量元素养分的供应状况。

综上所述，南方红壤稻田采样有机肥和化学氮磷钾肥配施是较为理想的施肥模式。具体到有机肥投入的种类、数量和方式大致归纳为以下几个方面。

1）有机无机肥配施模式：在水稻插秧前，将腐熟有机肥（腐熟猪粪、牛粪等畜禽粪便，商品有机肥）按 22 500 kg/hm^2（商品有机肥 3000 kg/hm^2）的用量撒匀、耙田。然后施化肥（NPK）。化肥（磷肥）全部作基肥，化肥（氮肥、钾肥）50%全部作基肥、50%作追肥，根据水稻叶色和长势于分蘖期和孕穗期适时施用。

2）冬季绿肥（紫云英）还田模式：紫云英作为红壤地区稻田当家冬季绿肥，其碳氮比较低，分解较快。对水稻而言，紫云英的养分利用率较高。在双季稻区，早稻要求供肥快，前期供肥量大，因此紫云英翻耕要早，一般在盛花期或此前耕埋，耕埋深度在 10 cm 左右。在单季晚稻或中稻种植区，水稻栽插时气温高，需要延长紫云英的供肥时间，一般在初英期耕埋，耕埋深度在 15 cm 左右。为了对水稻及时供肥并避免分解过程中产生的有害物质危害秧苗，紫云英耕埋通常在插秧前 10～15 d，具体可按当地的土壤、气温、秧龄和耕埋质量等情况确定。紫云英用量应根据水稻的耐肥能力、土壤肥力水平、施肥结构来确定。在以有机肥为主的施肥结构条件下，在中等肥力的稻田，紫云英鲜草翻压量在每亩 1.5 t 左右较为适宜；在以无机肥为主的施肥结构条件下，紫云英施用量早稻、中稻以每亩不超过 1.5 t 为宜，晚稻和杂交稻以每亩不超过 2 t 为宜。早稻田化肥氮作基肥，中稻、晚稻、杂交稻化肥氮中 70%作基肥、30%作为穗肥施用，磷钾肥全部作基肥（林新坚等，2011）。在适宜用量的紫云英耕埋的基础上，可在当地常规施氮水平下，减少 20%左右的氮肥用量。

3）稻草还田模式：稻草是十分宝贵的农业资源，含有大量的氮、磷、钾（每100 kg 稻草腐熟还田约相当于每亩施尿素 1.7 kg、过磷酸钙 2.5 kg、氯化钾 3.6 kg）、钙、镁、硫和硅等中微量元素，同时富含纤维、半纤维、木质素和蛋白质等有机物质；稻草秸秆还田后能有效地改良土壤的理化性状，促进土壤养分转化，提高土壤中有机质含量，提升土壤肥力，改善土壤耕性，降低土壤容重，增加土壤孔隙度，减轻作物病害，提高作物产量，改善农产品的品质。传统的稻草还田模式：早稻收割后，将新鲜稻草撒在田中，然后施碳酸氢铵 750~1200 kg/hm^2，犁翻耙平后移栽晚稻。这种翻压还田方法，虽然能在稻草腐烂分解后供给水稻许多养分，但在水稻生长前期，因土壤微生物在分解过程中大量繁殖，与水稻前期有争氮的矛盾，而影响水稻前期营养生长。因此，可配合使用腐秆灵等微生物菌剂加快腐解稻草。机械收割、稻草旋耕翻压还田模式：早稻采用中、小型水稻联合收割机撩穗收割，采用耕整机或机耕船将稻草翻压旋耕。留桩高度一般在 30~60 cm，施复混肥 750~1000 kg/hm^2 作基肥，用机耕船作业（旋耕）2~3 遍或 4~5 遍，将稻草和肥料打入泥中，使草、肥充分融和，田面呈现出一层稀泥，经过耙平、移栽或抛栽水稻。该模式广泛适用于平原和丘陵区平田、垄田、冲田，以及地下水位适中、排灌条件好的稻田。其优点是省工、省力、省本、工作效率高、收割速度快、不误农时、降低成本、稻草全量还田，深受群众欢迎。

第二节　提高水稻品质的肥料类别筛选

评价水稻稻米品质的指标较多，根据评价目的不同，测定指标主要分为加工品质（碾米品质），即稻谷在碾磨后保持的状态，主要有出糠率、精米率、整精米率等指标；外观品质，即精米的形状、垩白、透明度、大小等外表物理特性，主要有坚白粒率、里白大小、呈白度等指标；食味品质，包括直链淀粉含量、胶稠度和糊化温度；营养品质，即蛋白质含量等。稻米各品质之间相互联系或相互制约，很多情况下往往只能注重其中一个侧面，目前还未能形成一个绝对的对优质稻米客观评价的科学标准。遗传特性是影响水稻品质的内在因素，也是主要因素。但是在品种一定的基础上，还可以从施肥的调控上调节稻米品质。

相关研究表明，化学氮磷钾肥配施会降低稻米的直链淀粉含量，三种肥料（氮、磷、钾）中两两配施也会降低直链淀粉的含量，且不同肥料配比与直链淀粉含量之间的关系规律不明显，施用各种肥料均明显降低直链淀粉含量，但降低程度不一（明东风等，2003；李伟等，2007；周瑞庆，1988）。李政芳等（2010）的研究结果表明，随着氮肥施用量（150~360 kg/hm^2）的增加，蛋白质含量逐渐增加，表现出正相关关系，而与氮肥和磷肥的交互效应呈负相关关系。水稻淀粉的含量主要与磷肥施用量有关，在试验取值范围（150~450 kg/hm^2）内，随着磷肥施用量的增加，淀粉的含量逐渐增加，淀粉含量与磷肥施用量表现出正相关关系。水稻直链淀粉的含量只与氮肥施用量有关，分别与氮肥施用量一次项效应呈正相关关系，与氮肥施用量二次项效应呈负相关关系。水稻的胶稠度与氮、磷、钾施用量都有关系，但是只与它们的交互效应有关，其中与氮肥和磷肥的交互效应、磷肥和钾肥的交互效应呈负相关关系，而与氮肥和钾肥的交互效应呈正相关关系。平衡施肥具有增加稻米蛋白质含量、降低直链淀粉含量、增加胶稠度的趋势，这些指标变化趋势对改善稻米综合品质有积极的促进作用。

基于长期不同施肥对水稻品质的影响，也开展了大量研究。福建黄泥田上26年长期施肥处理（NPK、NPKM、NPKS）提高了水稻籽粒必需氨基酸、总氨基酸、粗蛋白与淀粉含量，并增加了籽粒部分矿质养分含量。说明合理施肥不仅是粮食作物产量形成的基础，还是提高籽粒营养品质的保证。当前，有不少人把农作物产品质量的降低归罪于化肥的使用，单施化肥与NPKM及NPKS处理相比，除籽粒氨基酸含量低于NPKM外，其淀粉、粗蛋白含量基本与二者相当，并均显著高于CK，说明长期合理施用化肥可有效提高籽粒品质；但综合考虑水稻产量、籽粒品质及地力提升的影响，NPKM、NPKS处理均优于单施化肥（王飞等，2011）。紫色土长期施肥试验结果表明，施氮各处理水稻籽粒粗蛋白含量比不施氮肥各处理高11%，氮是蛋白质分子的重要组成成分，氮供应充足，植物光合作用的产物——碳水化合物可大量用于合成蛋白质；施磷、钾肥各处理比不施磷、钾肥的水稻淀粉含量高2%，磷、钾有利于碳水化合物的形成与运转，有利于淀粉的积累（田秀英和石孝均，2005）。

本研究基于长期不同施用含 SO_4^{2-} 肥料定位试验，从田间试验和盆栽试验的结果可以看出，将长期（10年）施用含 SO_4^{2-} 肥料的土壤做对照，盆栽试验在对照土壤的基础上再按每千克土加入 0.2 g 硫酸盐，稻谷中蛋白质含量可提高到 9.08%。硫是氨基酸的重要组成成分，长期施用含 SO_4^{2-} 肥料后，蛋白质中各种氨基酸的比例发生了变化。在早稻糙米中含硫氨基酸，如蛋氨酸、胱氨酸的含量比晚稻高。而碱性氨基酸相对来说，晚稻糙米中的含量比早稻高。同时通过盆栽试验研究了不同数量硫酸盐对糙米中氨基酸的影响。在长期（10年）施用硫酸盐肥料的土壤上，每千克土壤再加 0.1 g 硫酸盐对大部分氨基酸都没有明显的影响，增减的幅度都在1%～3%内，唯有蛋氨酸和脯氨酸变化比较大，变化幅度在10%以上。每千克土壤再加 0.2 g 硫酸盐，和对照相比，蛋氨酸减少18%，异亮氨酸减少6%，酪氨酸增加10%，组氨酸增加13.6%，其余 12 种氨基酸增加3%～10%。按每千克土再加入 0.5 g硫酸盐，和对照相比较，只有组氨酸和酪氨酸分别增加9.1%和7.5%，蛋氨酸和脯氨酸分别减少18%和12.5%，其余几乎和对照一样，没什么变化。含硫氨基酸在稻米中的含量并不因土壤中硫酸盐增加而提高；反之，蛋氨酸和胱氨酸还有减少的趋势。可见，施肥措施不仅影响农作物蛋白质含量，而且影响氨基酸的组成。

综上所述，主要通过三项施肥措施来改善稻米品质。一是化学氮磷钾肥的平衡施用，可以综合改善稻米外观品质、食味品质和营养品质；二是化学氮磷钾肥配合有机肥（秸秆还田）施用，主要可以增加稻米的营养品质；三是从不同阴离子肥料的角度选择，长期施用含 SO_4^{2-} 肥料，可提高糙米中蛋白质含量，影响蛋白质中氨基酸的组成。

第三节　不同施肥的生态环境效应分析与可持续技术模式

农业实现绿色可持续发展的核心目标是在实现农业增产和经济发展的同时，保持生态平衡和避免环境污染。科学合理地施肥不仅为农作物生长提供必需的营养元素，还可以改善土壤结构，提高土壤肥力。然而，若施肥措施（包括种类、数量、方法、时间、地点等）不当，不仅会影响肥料施用的经济效益，降低农产品的品质，还会对农业生态环境中的多种生态因子产生负面影响，造成农业生态环境的污染，乃至人类及其他生物生存环境的恶化。因此，在保证作物优质高产的前提下，通过合理施肥，提高肥料施用的正面影响，避免生态环境污染显得尤为重要。

不合理施肥对农田生态环境造成的负面影响主要表现在以下几个方面。施用单一肥料可使土壤中病原菌数目增多，生活能力增强，害虫的繁殖能力和成活率都明显提高，导致作物籽粒受害和品质变劣的现象明显增多（王家玉等，1996）。长期单施尿素、碳铵等生理酸性氮肥，土壤变酸，土壤中铝溶出增加，在红黄泥中甚至会表现出铝毒，也会增加钙、镁、钾、钠等盐基离子溶出量，加速土壤板结，耕性劣化；同时随着 pH 降低，重金属活性增强。不合理施用氮肥还会造成土壤其他养分含量水平的异常，如氮肥施用水平过低，土壤磷累积，土壤缓效钾释放率低；氮肥施用水平过高，土壤缺磷，同时也阻止土壤钾的释放。过量施用氮肥也造成土壤养分的流失。氨挥发是稻田氮肥的主要损失途径之一。氨挥发损失的氮不仅造成重大经济损失，而且给环境带来了巨大的压力，NH_3 既可通过大气干湿沉降进入地表而加剧水体富营养化，又可在大气对流层中生成 N_2O 等而增加大气中温室气体含量。氨挥发损失的氮量很大，在石灰性水稻土壤上尿素和碳铵的挥发率分别为30%和39%，而在酸性水稻土（pH 为5.2～5.4）上也可达到9%和18%，且氨挥发损失与施氮量呈极显著指数关系（朱坚，2013）。长期过量施用磷肥，会引起耕层磷（Al-P）累积，并且出现磷（Ca_2-P）的剖面垂向迁移。施磷肥时配施有机肥料也有类似现象，原因是有机肥料中的有机酸对钙、铝的络合作用使施入的磷转化成溶解性较强的 Ca_2-P（单艳红等，2005）。由于磷肥长期施用，其过量累积则会增加土壤磷流失风险。长期不同施肥处理下，土壤有效磷的变化与磷平衡呈现较好的正相关关系（图5.9），斜率代表着红壤性水稻土磷平均每盈亏1个单位（kg P/hm²）相应的有效磷消长量（P mg/kg），该方程可以在一定程度上预测土壤有效磷的变化。或根据土壤有效磷的农学阈值，确定某一土壤有效磷的年变化量及作物带走的磷含量，可以推算出磷肥用量。以红壤双季稻田不同处理下的2012年土壤有效磷为例，基于磷农学阈值计算磷肥施用量。以 CK 为例，要使2012年的有效磷水平（10.8 mg/kg）20年达到红壤性水稻土的农学阈值22.1 mg/kg，每年施用磷肥为23 kg P/hm²（表15.1），对于 PKM，要使2012年有效磷（49.2 mg/kg）水平降到农学阈值（22 mg/kg），大约需要43年（表15.2）。

表 15.1　基于 2012 年各处理有效磷含量及有效磷和磷平衡的响应关系计算的磷肥施用量

处理	每年作物携带走的磷（P, kg/hm²）	有效磷的变化与累积磷的响应关系	2012 年有效磷含量（mg/kg）	有效磷范围（mg/kg）	20 年达到农学阈值，年均需要化学磷肥量（kg P/ hm²）
CK	5.94	0.0144	10.8	<22.1	23
M	26.98	0.0047	12.3	<22.1	42
NKM	28.09	0.0074	9.4	<22.1	48

表 15.2　基于 2012 年各处理有效磷含量和有效磷与磷平衡的响应关系计算的到达农学阈值所需时间

处理	每年作物携带走的磷（P, kg/hm²）	有效磷的变化与累积磷的响应关系	2012 年有效磷含量（mg/kg）	有效磷范围（mg/kg）	不施用磷肥时，降到22.1 mg/kg 所需时间（年）
PKM	29.39	0.0212	49.2	>22.1	43
NPM	38.54	0.0191	43.2	>22.1	29
NPK	29.75	0.0326	29.7	>22.1	8
NPKM	38.73	0.0216	47.8	>22.1	31

　　长期单施化肥，土壤有机质含量降低，土壤容重增大，土壤全量氮磷钾养分、速效氮磷钾养分降低。单施化肥，增加对交换态锌的吸收，促进其他形态锌向有机态和缓效态锌的转化，造成稻田土壤有效锌含量降低。长期单施化肥，土壤 pH 降低，土壤重金属元素有效性提高，如土壤有效性 Cu、Pb 和 Cd 库增加和富集（潘伟彬等，2000；李恋卿等，2003）。另外，长期施用含硫化肥，易造成水稻土壤的酸化和还原性增强，抑制水稻植株对 Mg、Fe、B、Mo、Cl 的吸收，并促进植株对硫的奢侈吸收（刘铮，1991）。同时，过多施用有机肥料对稻田土壤质量不利。稻草还田过程中，如果稻草过多，稻草腐烂过程产生有机酸，使土壤酸度增强；土壤微生物腐解稻草时，需吸收大量速效氮、有效磷，从而与秧苗争肥。同时带病稻草还造成病害传播。施用垃圾堆肥增加水稻耕层土壤中的重金属含量（金棵等，2003）。另有报道，施用污泥后，土壤中苯并芘明显增加（蔡全英等，2002），说明污泥农用对农业生态环境具有潜在危害。施用有机肥会增加甲烷排放量，增（配）施化肥能显著降低甲烷排放量。在农村常用的有机肥料中，比较而言，人畜粪肥的甲烷排放量明显较高，绿肥次之，沼渣更次之。施用新鲜秸秆类物料后，水稻田的甲烷排放量明显增强。水稻田施用油菜秸秆后，甲烷排放强度比施用化肥的高 5 倍；稻草可明显促进淹水土壤的甲烷排放，且甲烷排放量与稻草施用量成直线正相关。在水稻田中，施用腐熟堆肥后的甲烷排放量远不及施用新鲜有机肥的。日本科学家的研究结果表明，施用 6～10 t/hm² 稻草的水稻田，甲烷排放量比对照（不施稻草）增加 2.0～3.5 倍，而等量的稻草先经堆制再施用，稻田的甲

烷排放量只比对照增加少许（郑良永，2004）。

本研究中长期施用 SO_4^{2-} 和 Cl^- 肥料定位试验的结果表明，由于硫酸根肥料和氯离子肥料为生理酸性肥料，长期施用含硫与含氯化肥土壤 pH 随年份（1983～2011 年）均表现下降趋势。SO_4^{2-} 处理土壤 pH 随年份极显著下降，年均下降 0.039 个 pH 单位。Cl^- 和 $Cl^- + SO_4^{2-}$ 两个处理土壤 pH 随着年份的变化也都有下降的趋势，但其下降速率显著低于 SO_4^{2-} 处理土壤。连续施用含 Cl^- 肥料 24 年后，表土（0～20 cm）中的 Cl^- 含量比试验前（1975 年）增长了 52.2%，0～100 cm 土壤剖面中和稻草中的 Cl^- 含量也显著增加；长期施用含 Cl^- 肥料使表土中有效 K、Cu、B、Mn 及全 Ca 含量显著降低，而剖面（60～80 cm）中的有效 B 显著增加，对土壤有机质、全 N、全 P、有效 Mo、有效 Zn 及总 Mg 没有明显影响；施用含 SO_4^{2-} 化肥 24 年后，土壤有效 Cu、有效 B、有效 Mn 及全 Ca 含量有增加趋势，全 Fe 有减少趋势，对有效 Mo、有效 Zn 及总 Mg 似乎没有影响。

同时，本研究中长期有机肥和化肥配施定位试验结果表明，长期不同施肥后土壤中的微量元素含量发生了明显变化。总的趋势为，长期施肥的土壤有效 Cu、有效 Zn、有效 Fe 含量显著增加，有效 Mn 显著减少。在不同施肥处理中，施有机肥的处理土壤有效 Cu 平均含量为 3.6 mg/kg，NPK 处理为 3.5 mg/kg；施有机肥的各处理土壤有效 Fe 平均含量为 162.4 mg/kg，NPK 处理为 158.7 mg/kg，施有机肥与施化肥的差异不大。土壤有效 Zn 含量，施有机肥的各处理平均值为 5.6 mg/kg，比 NPK 处理的 3.8 mg/kg 增加 47.4%。总体而言，有机肥的长期施用改善了水稻土微量元素养分的供应状况。同时，有机无机肥配施（尤其是 NPKM）相比单施化肥（NPK），能够更加有效地提高红壤性水稻土微生物量碳/氮/磷含量，提高红壤性水稻土蛋白酶、脲酶、酸性磷酸酶、蔗糖酶、纤维素酶、过氧化氢酶活性，提高红壤性水稻土可培养微生物数量。

综上所述，针对红壤性水稻土在我国农业生产中的重要地位，为有效保护该区域农业生态环境，促进农业可持续发展，应大力提倡有机肥和化肥平衡配施，以及秸秆腐熟还田再平衡施用化肥的施肥模式，在含 SO_4^{2-} 和 Cl^- 肥料可供选择时，应优先选择施用含 Cl^- 肥料。

第四节 小 结

农业关乎国家食物安全、资源安全和生态安全。大力推动农业可持续发展，是实现"五位一体"战略布局、建设美丽中国的必然选择，是中国特色新型农业现代化道路的内在要求。当前和今后一个时期，推进农业可持续发展面临前所未有的历史机遇。一是农业可持续发展的共识日益广泛。党的十八大将生态文明建设纳入"五位一体"的总体布局，为农业可持续发展指明了方向。全社会对资源安全、生态安全和农产品质量安全高度关注，绿色发展、循环发展、低碳发展理念深入人心，为农业可持续发展集聚了社会共识。二是农业可持续发展的物质基础日益雄厚。我国综合国力和财政实力不断增强，强农惠农富农政策力度持续加大，粮食等主要农产品连年增产，利用"两种资源、两个市场"弥补国内农业资源不足的能力不断提高，为农业转方式、调结构提供了战略空间和物质保障。三是农业可持续发展的科技支撑日益坚实。传统农业技术精华广泛传承，现代生物技术、信息技术、新材料和先进装备等日新月异、广泛应用，生态农业、循环农业等技术模式不断集成创新，为农业可持续发展提供了有力的技术支撑。四是农业可持续发展的制度保障日益完善。随着农村改革和生态文明体制改革稳步推进，法律法规体系不断健全，治理能力不断提升，将为农业可持续发展注入活力、提供保障。

因此，在当前良好的历史机遇条件下，我们应加强对土壤肥料长期定位试验的监测和系统研究，结合需求，加大农业科技成果转化力度，为保障农业可持续发展作出积极贡献！

参 考 文 献

包荣军, 郑树生. 2006. 土壤硫肥力与作物硫营养研究进展. 黑龙江八一农垦大学学报, 18(3): 37-40.

蔡全英, 莫测辉, 吴启堂, 等. 2002. 水稻土施用城市污泥后土壤中多环芳烃(PAHs)的残留. 土壤学报, 39(6): 887-891.

曹志洪, 朱永官, 廖海秋, 等. 1998. 苏南稻麦两熟制下土壤养分平衡与培肥的长期试验. 土壤, (2): 60-63.

陈波浪, 盛建东, 蒋平安, 等. 2010. 磷肥种类和用量对土壤磷素有效性和棉花产量的影响. 棉花学报, 22(1): 49-56.

陈健财. 1990. 猪粪尿之污染. 台湾农政, 23(6): 23-24.

陈杰华, 慈恩. 2013. 不同耕作制度下紫色水稻土有机碳变化的 DNDC 模型预测. 农机化研究, 35(1): 38-42.

陈立云, 肖应辉, 唐文帮, 等. 2007. 超级杂交稻育种三步法设想与实践. 中国水稻科学, 21(1): 90-94.

陈铭. 1991. 湘南第四纪红壤阴离子吸附与植物营养. 北京: 中国农业科学院博士学位论文: 44-61.

陈小云, 郭菊花, 刘满强, 等. 2011. 施肥对红壤性水稻土有机碳活性和难降解性组分的影响. 土壤学报, 48(1): 125 - 131.

陈修斌, 邹志荣. 2005. 河西走廊旱塬长期定位施肥对土壤理化性质及春小麦增产效果的研究. 土壤通报, 36(6): 888-890.

陈印平, 潘开文, 吴宁, 等. 2005. 凋落物质量和分解对中亚热带栲木荷林土壤氮矿化的影响. 应用与环境生物学报, 11(2): 146-151.

陈子明. 1984. 从玛洛试验地的土壤肥力变化和产量提高看培肥土壤的重要性. 土壤肥料, (4): 8-11.

程国华, 郭树凡, 薛景珍, 等. 1994. 长期施用含氯化肥对土壤酶活性的影响. 沈阳农业大学学报, 25(4): 360-365.

程国华. 1994. 长期施用含氯化肥对土壤酶活性的影响. 沈阳农业大学学报, 25(4): 360-365.

程式华, 胡培松. 2008. 中国水稻科技发展战略. 中国水稻科学, 22(3): 223-226.

崔玉珍. 1991. 氯化铵的增产效果及其对土壤性质影响的研究. 土壤通报, 22(1): 38-40.

崔志强, 汪景宽, 李双异. 2008. 长期地膜覆盖与不同施肥处理对棕壤活性有机碳的影响. 安徽农业科学, 36(19): 8171-8178.

邓纯章, 龙碧云, 侯建萍. 1994. 我国南方部分地区农业中硫的状况及硫肥的效果. 土壤肥料, (3): 25-27.

董玉红, 欧阳竹, 李鹏. 2007. 长期定位施肥对农田土壤温室气体排放的影响. 土壤通报, 38(1): 97-100.

范业成, 叶厚专. 1994. 江西硫肥肥效及影响因素研究. 土壤通报, 25(3): 135-137.

高宗军, 李美, 高兴祥, 等. 2011. 不同耕作方式对冬小麦田杂草群落的影响. 草业学报, 20(1): 15-21.

古巧珍, 杨学云, 孙本华, 等. 2007. 不同施肥条件下黄土麦地杂草生物多样性. 应用生态学报, 18(5): 1038-1042.

关静. 2008. 长期定位施肥对水稻生长生理特性、产量及品质的影响. 合肥：安徽农业大学硕士学位论文.

韩晓增, 严君, 李晓慧. 2010. 大豆共生固氮能力对土壤无机氮浓度的响应与调控. 大豆科技, (1): 6-8.

湖南省土壤肥料学会. 2006. 耕地保护与社会发展. 长沙: 湖南地图出版社.

黄爱军, 赵锋, 陈雪凤, 等. 2009. 施肥与秸秆还田对太湖稻-油复种系统春季杂草群落特征的影响. 长江流域资源与环境, 18(6): 515-521.

黄凤球, 孙玉桃, 叶桃林, 等. 2005. 湖南双季稻主产区稻草还田现状、作用机理及利用模式. 作物研究, (4): 204-210.

黄欠如, 胡锋, 李辉信, 等. 2006. 红壤性水稻土施肥的产量效应及与气候、地力的关系. 土壤学报, 43(6): 926-933.

黄庆海, 李茶苟, 赖涛, 等. 2000. 长期施肥对红壤性水稻土磷素积累与形态分异的影响. 土壤与环境, (04): 290-293.

黄治平, 徐斌, 涂德浴. 2007. 连续施用猪粪菜地土壤基质化研究. 安徽农业大学学报, 34(2): 262-264.

冀宏杰, 张怀志, 张维理, 等. 2015. 我国农田磷养分平衡研究进展. 中国生态农业学报, 23(1): 1-8.

冀建华, 刘光荣, 李祖章, 等. 2012. 基于 AMMI 模型评价长期定位施肥对双季稻总产量稳定性的影响. 中国农业科学, 45(4): 685-696.

贾莉洁, 李玉会, 孙本华, 等. 2013. 不同管理方式对土壤无机磷及其组分的影响. 土壤通报, (03): 612-616.

蒋永忠, 吴金桂, 娄德仁, 等. 1995. 作物对硫的需求及施用硫肥的效果. 江苏农业科学, (2): 46-47.

金安世, 郭鹏程, 张秀英. 1993. 氯对作物养分离子吸收与酶活性的影响. 土壤通报, 24(1): 35-36.

金峰, 杨浩, 蔡祖聪, 等. 2001. 土壤有机碳密度及储量的统计研究. 土壤学报, 38(4): 522-531.

金棵, 王晓娟, 李成才, 等. 2003. 利用垃圾堆肥改良水稻土对水稻土中重金属含量和花卉生长的影响. 应用与环境生物学报, 9(4): 400-404.

靳正忠, 雷加强, 徐新文, 等. 2008. 沙漠腹地咸水滴灌林地土壤养分、微生物量和酶活性的典型相关关系. 土壤学报, 45(6): 1119-1127.

巨晓棠, 李生秀. 1998. 土壤氮素矿化的温度水分效应. 植物营养与肥料学报, 4(1): 37.

来璐, 郝明德, 彭令发. 2003. 土壤磷素研究进展. 水土保持研究, 10(1): 65-67.

李昌新, 赵锋, 芮雯奕, 等. 2009. 长期秸秆还田和有机肥施用对双季稻田冬春季杂草群落的影响. 草业学报, 18(3): 142-147.

李辉信, 毛小芳, 胡锋, 等. 2004. 食真菌线虫与真菌的相互作用及其对土壤氮素矿化的影响. 应用生态学, 15(6): 2304-2308.

李继明, 黄庆海, 袁天佑, 等. 2011. 长期施用绿肥对红壤稻田水稻产量和土壤养分的影响. 植物营养与肥料学报, 17(3): 563-570.

李家康, 林葆, 梁国庆, 等. 2001. 对我国化肥使用前景的剖析. 植物营养与肥料学报, 7(1): 1-10.

李菊梅, 徐明岗, 秦道珠, 等. 2005. 有机肥无机肥配施对稻田氨挥发和水稻产量的影响. 植物营养与肥料学报, 11(1): 51-56.

李恋卿, 郑金伟, 潘根兴, 等. 2003. 太湖地区不同土地利用影响下水稻土重金属有效性库变化. 环境科学, 24(3): 101-104.

李琳, 李素娟, 张海林, 等. 2006. 保护性耕作下土壤碳库管理指数的影响. 水土保持学报, 20(3): 106-109.

李庆逵, 胡祖光. 1956. 甘家山试验场对于磷灰石肥效试验的第三次报告. 土壤学报, 4(1): 43-49.

李儒海, 强胜, 邱多生, 等. 2008. 长期不同施肥方式对稻油轮作制水稻田杂草群落的影响. 生态学报, 28(7): 3236-3243.

李廷轩, 王昌全, 马国瑞, 等. 2002. 含氯化肥的研究进展. 西南农业学报, 15(2): 86-90.

李伟, 张玲, 谢崇华. 2007. 氮、钾对稻米品质影响的研究进展. 安徽农业科学, 35(17): 5213-5214, 5289.

李文革, 刘志坚, 谭周进, 等. 2006. 土壤酶功能的研究进展. 湖南农业科学, (06): 34-36.

李正, 刘国顺, 敬海霞, 等. 2011. 绿肥与化肥配施对植烟土壤微生物量及供氮能力的影响. 草业学报, 20(6): 126-134.

李政芳, 陈孟珍, 吴素芳, 等. 2010. 不同施肥量与施肥方法对优质水稻品质的影响. 西南农业学报, 23(2): 424-426.

廖育林, 郑圣先, 聂军, 等. 2008. 不同类型生态区稻-稻种植制度中钾肥效应及钾素平衡研究. 土壤通报, 39(3): 612-618.

林新坚, 李清华, 罗涛, 等. 2011. 农用地土壤培肥技术. 福州: 福建科学技术出版社.

林新坚, 林斯, 邱珊莲. 2013. 不同培肥模式对茶园土壤微生物活性和群落结构的影响. 植物营养与肥料学报, 19(1): 93-101.

林新坚, 王飞, 王长方, 等. 2012. 长期施肥对南方黄泥田冬春季杂草群落及其 C、N、P 化学计量的影响. 中国生态农业学报, 20(5): 573-577.

刘宾. 2006. 蚯蚓活动对土壤氮素矿化及微生物生物量的影响. 南京: 南京农业大学硕士学位论文.

刘更另, 李絮花, 秦道珠. 1989. 长期施用硫酸盐肥料对土壤性质和水稻生长的影响. 中国农业科学, 22(3): 50-57.

刘骅, 佟小刚, 许咏梅, 等. 2010. 长期施肥下灰漠土有机碳组分含量及其演变特征. 植物营养与肥料学报, 16(4): 794-800.

刘晓利, 何园球, 李成亮, 等. 2009. 不同利用方式旱地红壤水稳性团聚体及其碳、氮、磷分布特征. 土壤学报, 46(2): 255-262.

刘铮. 1991. 微量元素的农业化学. 北京: 农业出版社: 108-267.

鲁如坤. 1998. 土壤-植物营养学原理与施肥. 北京: 化学工业出版社: 102-395.

鲁如坤. 2003. 土壤磷素水平和水体环境保护. 磷肥与复肥, 18(1): 4-6.

陆景陵. 1994. 植物营养学(上册). 北京: 北京农业大学出版社.

马永良, 宇振荣, 江永红. 2002. 两种还田模式下玉米秸秆分解速率的比较. 生态学杂志, 21(6): 68-70.

毛知耕. 1997. 肥料学. 北京: 中国农业出版社: 2-16.

毛知耕, 石孝均. 1995. 作物耐氯力类型研究//中国植物营养与肥料学会. 现代农业中的植物营养与施肥——94 全国植物营养与肥料学术年会论文选集. 北京: 中国农业科学技术出版社: 223-225.

毛知耘, 李家康, 何光安, 等. 2001. 中国含氯化肥. 北京: 中国农业出版社.

明东风, 马均, 马文波, 等. 2003. 稻米直链淀粉及其含量研究进展. 中国农学通报, 19(2): 68-71.

聂军, 杨曾平, 郑圣先, 等. 2010. 长期施肥对双季稻区红壤性水稻土质量的影响及其评价. 应用生态学报, (06): 1453-1460.

宁运旺, 张永春, 吴金贵, 等. 2001. 土壤-植物系统中的氯及施用含氯肥料的几个问题. 土壤通报, 32(5): 222-224.

潘根兴, 焦少俊, 李恋卿, 等. 2003. 低施磷水平下不同施肥对太湖地区黄泥土磷迁移性的影响. 环境科学, 24(3): 91-95.

潘根兴, 周萍, 张旭辉, 等. 2006. 不同施肥对水稻土作物碳同化与土壤碳固定的影响——以太湖地区黄泥土肥料长期试验为例. 生态学报, 26(11): 3704-3710.

潘伟彬, 李延, 庄卫民, 等. 2000. 施肥对红壤性水稻土锌铜形态及有效性的影响. 福建农业学报, 15(2): 45-49.

裴瑞娜, 杨生茂, 徐明岗, 等. 2010. 长期施肥条件下黑垆土有效磷对磷盈亏的响应. 中国农业科学, 43(19): 4008-4015.

彭新华, 张斌, 赵其国. 2004. 土壤有机碳库与土壤结构稳定性关系的研究进展. 土壤学报, 41(4): 618-623.

单鸿宾, 梁智, 王纯利, 等. 2010. 连作及灌溉方式对棉田土壤微生物量碳氮的影响. 干旱地区农业研究, 28(4): 202-205.

单艳红, 杨林章, 沈明星, 等. 2005. 长期不同施肥处理水稻土磷素在剖面的分布与移动. 土壤学报, 42(6): 970-975.

沈浦, 高菊生, 徐明岗, 等. 2011. 长期施用含硫和含氯化肥对稻田杂草生长动态的影响. 应用生态学报, 22(4): 992-998.

沈善敏. 1984a. 国外的长期肥料试验(1). 土壤通报, 15(2): 86-91.

沈善敏. 1984b. 国外的长期肥料试验(2). 土壤通报, 15(2): 134-138.

沈善敏. 1984c. 国外的长期肥料试验(3). 土壤通报, 15(2): 184-185.

沈善敏. 1995. 长期土壤肥力试验的科学价值. 植物营养与肥料学报, 1(1): 1-9.

沈善敏, 宇万太, 陈欣, 等. 1998. 施肥进步在粮食增产中的贡献及其地理分异. 应用生态学报, 9(4): 386-390.

宋春, 韩晓增. 2009. 长期施肥条件下土壤磷素的研究进展. 土壤, 41(1): 21-26.

孙波, 严浩, 施建平. 2007. 基于红壤肥力和环境效应评价的油菜-花生适宜施肥量. 土壤, 39(2): 222-230.

谭长银, 吴龙华, 骆永明, 等. 2009. 不同肥料长期施用下稻田镉、铅、铜、锌元素总量及有效态的变化. 土壤学报, 46(3): 412-418.

谭长银, 吴龙华, 骆永明, 等. 2010. 长期定位试验点土壤镉的吸附解吸及形态分配. 水土保持学报, 24(6): 167-172.

唐旭, 陈义, 吴春艳, 等. 2013. 大麦长期肥料效率和土壤养分平衡. 作物学报, 39(4): 665-672.

田秀英, 石孝均. 2005. 定位施肥对水稻产量与品质的影响. 西南农业大学学报, 27(5): 725-732.

佟小刚. 2008. 长期施肥下我国典型农田土壤有机碳库变化特征. 北京: 中国农业科学院博士学位论文.

佟小刚, 黄绍敏, 徐明岗, 等. 2008. 长期施肥对红壤和潮土颗粒有机碳含量与分布的影响. 中国农业科学, 41(11): 3664-3671.

王斌, 张荣. 2011. 半干旱区农田杂草的生活史对策研究. 草业学报, 20(1): 257-260.

王伯仁, 徐明岗, 文石林. 2005. 长期不同施肥对旱地红壤性质和作物生长的影响. 水土保持学报, 19(1): 97-100, 144.

王彩霞, 岳西杰, 葛玺祖, 等. 2010. 不同耕作措施对土土壤有机碳形态及活性的影响. 干旱地区农业研究, 28(6): 58-63.

王飞, 林诚, 李清华, 等. 2011. 长期不同施肥对南方黄泥田水稻子粒品质性状与土壤肥力因子的影响. 植物营养与肥料学报, 17(2): 283-290.

王家玉, 王胜佳, 陈义. 1996. 施用氮肥对农作物害虫的影响. 农业环境保护, 15(6): 26-31.

王开峰, 王凯荣, 彭娜, 等. 2007. 长期有机物循环下红壤稻田的产量趋势及其原因初探. 农业环境科学学报, 26(2): 743-747.

王凯荣, 刘鑫, 周卫军, 等. 2004. 稻田系统养分循环利用对土壤肥力和可持续生产力的影响. 农业环境科学学报, 23(6): 1041-1045.

王少先, 刘光荣, 罗奇祥, 等. 2012. 稻田土壤磷素累积及其流失潜能研究进展. 江西农业学报, 24(12): 98-103.

王伟妮, 鲁剑巍, 李银水, 等. 2010. 当前生产条件下不同作物施肥效果和肥料贡献率研究. 中国农业科学, 43(19): 3997-4007.

王岩, 沈其荣, 杨振明. 2000. 土壤不同粒级中 C、N、P、K 的分配及 N 的有效性研究. 土壤学报, 37(1): 85-94.

王永壮, 陈欣, 史奕. 2013. 农田土壤中磷素有效性及影响因素. 应用生态学报, (01): 260-268.

魏红安, 李裕元, 杨蕊, 等. 2012. 红壤磷素有效性衰减过程及磷素农学与环境学指标比较研究. 中国农业科学, 45(6): 1116-1126.

温明霞, 林德枝, 易时来, 等. 2004. 秸秆在土壤中的养分释放动态研究. 西南农业学报, (S): 276-278.

吴焕焕, 徐明岗, 吕家珑. 2014. 长期不同施肥条件下红壤水稻产量可持续性特征. 西北农林科技大学学报(自然科学版), 42(7): 163-168.

吴晓晨, 李忠佩, 张桃林. 2008. 长期不同施肥措施对红壤水稻土有机碳和养分含量的影响. 生态环境, 17(5): 2019-2023.

徐明岗, 梁国庆, 张夫道, 等. 2006. 中国土壤肥力演变. 北京: 中国农业科学技术出版社.

徐明岗, 秦道珠, 邹长明, 等. 2002. 湘南红壤丘陵区稻田土壤氮素供应特征的影响. 土壤与环境, 11(1): 510-521.

徐明岗, 于荣, 王伯仁. 2006. 长期不同施肥下红壤活性有机质与碳库管理指数变化. 土壤学报, 43(5): 723-729.

徐阳春, 沈其荣, 冉炜. 2002. 长期免耕与施用有机肥对土壤微生物生物量碳、氮、磷的影响. 土壤学报, 39(1): 89-96.

薛智勇, 孟赐福, 吕晓男, 等. 2002. 红壤地区水稻土施硫对水稻的增产效应. 浙江农业学报, 14(3): 144-149.

严君, 韩晓增, 祖伟. 2011. 供氮方式对黑土土壤无机氮浓度的影响. 水土保持学报, 25(1): 53-57.

杨景成, 韩兴国, 黄建辉, 等. 2003. 土壤有机质对农田管理措施的动态响应. 生态学报, 23(4): 788-796.

杨万江, 陈文佳. 2012. 中国水稻生产空间布局变迁及影响因素分析. 经济地理, 31(12): 2086-2093.

杨晓兰, 杨树青, 李雄, 等. 2005. 硫肥在水稻上的肥效试验. 江西农业学报, 17(2): 77-78.

杨学云, 孙本华, 古巧珍, 等. 2007. 长期施肥磷素盈亏及其对土壤磷素状况的影响. 西北农业学报, 16(5): 118-123.

易琼, 张秀芝, 何萍, 等. 2010. 氮肥减施对稻-麦轮作体系作物氮素吸收、利用和土壤氮素平衡的影响. 植物营养与肥料学报, 16(5): 1069-1077.

尹金来, 沈其荣, 周春霖, 等. 2001. 猪粪和磷肥对石灰性土壤无机磷组分及有效性的影响. 中国农业科学, 34(3): 296-300.

于君宝, 刘景双, 王金达. 2004. 不同开垦年限黑土有机碳变化规律. 水土保持报, 18(1): 27-30.

余喜初, 李大明. 2013. 长期施肥红壤稻田有机碳演变规律及影响因素. 土壤, 45(4): 655-660.

袁龙刚, 张军林. 2006. 微生物资源在现代农业中的应用. 陕西农业科学, (05): 59-53.

曾希柏, 刘更另. 2000. SO_4^{2-} 和 Cl^- 对稻田土壤养分及其吸附解吸特性的影响. 植物营养与肥料学报, 6(2): 187-193.

詹其厚, 陈杰. 2006. 基于长期定位试验的变性土养分持续供给能力和作物响应研究. 土壤学报, 43(1): 124-132.

张爱君, 张明普. 2002. 黄潮土长期轮作施肥土壤有机质消长规律的研究. 安徽农业大学学报, 29(1): 60-63.

张宝贵, 李贵桐. 1998. 土壤生物在土壤磷有效化中的作用. 土壤学报, 35(1): 104-111.

张国盛, 黄高宝. 2005. 农田土壤有机碳固定潜力研究进展. 生态学报, (25): 351-357.

张金波, 宋长春. 2004. 土壤氮素转化研究进展. 吉林农业科学, 29(1): 38-43.

张敬业, 张文菊, 徐明岗, 等. 2012. 长期施肥下红壤有机碳及其颗粒组分对不同施肥模式的响应. 植物营养与肥料学报, 18(4): 868- 875, 48.

张磊, 欧阳竹, 董玉红, 等. 2005. 农田生态系统杂草的养分和水分效应研究. 中国水土保持学报, 19(2): 69-74.

张淑香, 张文菊, 沈仁芳, 等. 2015. 我国典型农田长期施肥土壤肥力变化与研究展望. 植物营养与肥料学报, 21(6): 1389-1393.

张维理, 武淑霞, 冀宏杰, 等. 2004. 中国农业面源污染形势估计及控制对策Ⅰ. 21世纪初期中国农业面源污染的形势估计. 中国农业科学, 37(7): 1008-1017.

张英鹏, 陈清, 李彦, 等. 2008. 不同磷水平对山东褐土耕层无机磷有效性的影响. 中国农学通报, 24(7): 245-248.

张玉兰, 陈振华, 马星竹, 等. 2008. 潮棕壤稻田不同氮磷肥配施对土壤酶活性及生产力的影响. 土壤通报, 39(3): 518-523.

章明奎, 周翠, 方利平. 2006. 水稻土磷环境敏感临界值的研究. 农业环境科学学报, 25(1): 170-174.

赵其国. 2002. 红壤物质循环及其调控. 北京: 科学出版社: 149-150.

赵庆雷, 王凯荣, 马加清, 等. 2009. 长期不同施肥模式对稻田土壤磷素及水稻磷营养的影响. 作物学报, 35(8): 1539-1545.

郑良永. 2004. 农业施肥与生态环境. 热带农业科学, 24(5): 79-84.

周才平, 欧阳华. 2001. 温度和湿度对长白山两种林型下土壤氮矿化的影响. 应用生态学报. 12(4): 505-508.

周建斌, 陈竹君, 郑险峰. 2005. 土壤可溶性有机氮及其在氮素供应及转化中的作用. 土壤通报, 36(2): 244-248.

周礼恺, 武冠云, 张志明, 等. 1988. 脲酶抑制剂氢醌在提高尿素肥效中的作用. 土壤学报, 25(2): 191-198.

周瑞庆. 1988. 肥料种类及营养元素对稻米产量与品质影响的初步研究. 作物研究, 2(1): 14-17.

周卫军, 王荣凯, 张光远. 2003. 有机无机结合施肥对红壤稻田土壤氮素供应和水稻生产的影响. 生态学报, 1(5): 914-921.

周晓芬, 张彦才, 李巧云. 2003. 有机肥料对土壤钾素供应能力及其特点研究. 中国生态农业学报, 11(2): 61-63.

周勇, 文铁桥, 宋国清, 等. 1995. 植酸和氯离子对稻米品质的影响. 中国水稻科学, 9(4): 217-222.

朱坚. 2013. 中南丘陵区典型双季稻田氨挥发对施氮量的响应及阈值初探. 长沙: 中南大学研究生院隆平分院硕士学位论文.

朱兆良. 1979. 土壤中氮素的转化和移动的研究近况. 土壤学进展, 2: 1-16.

朱兆良. 1985. 我国土壤供氮和化肥去向研究的进展. 土壤, 17(1): 82-91.

邹邦基. 1984. 土壤与植物中的卤族元素(II)氯. 土壤学进展, 12(6): 1-6.

邹长明, 高菊生, 王伯仁, 等. 2004a. 长期施用含氯和含硫肥料对土壤性质的影响. 南京农业大学学报, 27(1): 117-119.

邹长明, 高菊生, 王伯仁, 等. 2004b. 长期施用含氯化肥对稻田土壤氯积累及养分平衡的影响. 生态学报, (11): 2557-2563.

邹长明, 高菊生, 王伯仁, 等. 2006. 长期施用含硫化肥对水稻产量和养分吸收的影响. 土壤通报, 37(1): 103-106.

邹长明, 秦道珠, 徐明岗, 等. 2002. 水稻的氮磷钾养分吸收特性及其与产量的关系. 南京农业大学学报, 25(4): 6-10.

Acosta-Martinez V, Mikha M M, Vgil M F, et al. 2007. Microbial communities and enzyme activities in soils under alternative crop rotations com pared to wheat-fallow for the Central Great Plains. Applied Soil Ecology, 37: 41-52.

Beare M H, Parmelee R W, Hendrix P F, et al. 1992. Microbial and faunal interactions and effects on litter nitrogen and decomposition in agriculture ecosystems. Ecological Mong, 62: 569-591.

Bengtsson G, Bengtson P, MnssonK F. 2003. Gross nitrogen mineralization, immobilization, and nitrification rates as a function of soil C/N ratio and microbial activity. Soil Bio Biochem, 35(1): 143-154.

Berendse R. 1990. Organic matter accumulation and nitrogen mineralization during secondary succession in heathland ecosystems. Journal of Ecology, 78: 413-427.

Bhattacharyya R, Pandey S C, Saha S, et al. 2004. Effect of long term manuring on soil organic carbon, bulk density and water retention characteristics under soybean-wheat cropping sequence in N－W Himalayas. Indian Soc Soil Sci, 52: 238-242.

Brunn S, Stenberg B, Breland T A, et al. 2005. Empirical predictions of plant material C and N mineralization patterns fromnear in frared spectroscopy, step wise chemical digestion and C /N ratios. Soil Biol Biochem, 37: 2283-2296.

Cao N, Chen X P, Cui Z L, et al. 2012. Change in soil available phosphorus in relation to the phosphorus budget in China. Nutrient Cycling in Agroecosystems, 94(2-3): 161-170.

Christensen B T. 2001. Physical fractionation of soil and structural and functional complexity in organic matter turnover. European Journal of Soil Science, 52: 345-353.

Colbach N, Dtlrr C, Chauvel B, et al. 2002. Effect of environmental conditions on *Alopecurus myosuroides* germination II. Effect of moisture conditions and storage length. Weed Research, 42(3): 210-221.

Curtin D, Campbell C A, Jalil A. 1998. Effects of acidity on mineralization: pH-dependence of organic matter mineralization in weakly acidic soils. Soil Biology and Biochemistry, 30(1): 57-64.

Curtin D, Selles F, Wang H, et al. 1998. Carbon dioxide emissions and transformation of soil carbon and nitrogen during wheat straw decomposition. Soil Science Society of America Journaly, 62: 1035-1041.

Dorbermann A, Cassman K G, Pcs C, et al. 1996. Fertilizer inputs, nutrient balance and soil nutrient supplying power in intensive, irrigated rice systems. III. Phosphorus. Nutrient Cycling in Agroecosystems, 46: 111-125.

Fried G, Petit S, Dessaint F, et al. 2009. Arable weed decline in Northern France: Crop edges as regugia for weed conservation. Biological Conservation, 142: 238-243.

Groffman P M, Eagan P, Sullivan W M, et al. 1996. Grass species and soil type effects on microbial biomass and activity. Plant and Soil, 183(1): 61-67.

Guo S L, Dang T H, Hao M D. 2008. Phosphorus changes and sorption characteristics in a calcareous soil under long-term fertilization. Pedosphere, 18(2): 248-256.

Haefele S M, Wopereis M C S, Schloebohm A M, et al. 2004. Long-term fertility experiment for irrigated rice in the west African Sahel: Effect on soil characteristics. Field Crops Research, 85: 61-77.

Janssen B H. 1996. Nitrogen mineralization in relation to CBN ratio and decomposability of organic materials. Plant Soil, 181(1): 39-45.

Kahle M, Kleber M, Jahn R. 2002. Predicting carbon content in illitic clay fractions from surface area, cation exchange capacity and dithionite-extractable iron. European Journal of Soil Science, 53: 639-644.

Ladha J K, Dawe D, Pathak H, et al. 2003. How extensive are yield declines in long-term rice-wheat experiments in Asia? Field Crops Research, 81(2/3): 159-180.

Mallarino A P, Blackmer A M. 1992. Comparison of methods for determining critical concentrations of soil test phosphorus for corn. Agronomy Journal, 84: 850-856.

Mladenoff D J. 1987. Dynamics of nitrogen mineralization and nitrification in hemlock and hardwood treefall gaps. Ecology, 68(5); 1171-1180.

Munkholm L J, Schjonning P, Debosz K, et al. 2002. Aggregate strength and mechanical behavior of a sandy loam soil under long-term fertilization treatments. European Journal of Soil Science, 53: 129-137.

Nagumo T, Tajima S, Chikushi S, et al. 2013. Phosphorus balance and soil phosphorus status in paddy rice fields with various fertilizer practices. Plant Production Science, 16(1): 69-76.

Paul K L, Black A S, Conyers M K. 2001. Development of nitrogen mineralization gradients through surface soil depth and their influence on surface soil pH. Plant and Soil, 234: 239-246.

Peltonen-Sainio P, Jauhiainen L, LIkka P, et al. 2009. Cereal yield trends in northern European conditions: Changes in yield potential and its realization. Field Crop Research, 110(1): 85-90.

Purakayastha T J, Rudrappa L, Singh D, et al. Long-term impact of fertilizers on soil carbon pools and sequestration rates in maize-wheat-cowpea cropping system. Geoderma 2008, 144: 370-378.

Quemada M, Cabrera M L. 1997. Temperature and moisture effects on C and N mineralization from surface applied clover residue. Plant and Soil, 189: 127-137.

Six J, Conant R T, Paul E A, et al. 2002. Stabilization mechanisms of soil organic matter: Implications for C-saturation of soils . Plant Soil, 241(2): 155-176.

Solomon D F, Fritzsche F, Lehmann J, et al. 2002. Soil organic matter dynamics in the sub humid agroecosystems of the Ethiopian highlands: evidence from natural 13C abundance and particle-size fractionation. Soil Science Society of America Journal, 66: 969-978.

Tian L, Dell E, Shi W. 2010. Chemical composition of dissolved organic matter in agroecosystems: Correlations with soil enzyme activity and carbon and nitrogen mineralization. Applied Soil Ecology, 46: 426-435.

Tian L, Dell E, Shi W. 2010. Chemical composition of dissolved organic matter in agroecosystems: correlations with soil enzyme activity and carbon and nitrogen mineralization. Applied Soil Ecology, 46: 426-435.

Vitousek P. 1982. Nutrient cycling and nutrient use efficiency. American Naturalist, 119: 553-572.

Wang H Y, Zhou J M, Chen X Q, et al. 2004. Interaction of NPK fertilizers during their transformation in soils: III. Transformations of monocalcium phosphate. Pedosphere, 14(3): 379-386.

Wang S X, Liang X Q, Chen Y X, et al. 2011. Phosphorus loss potential and phosphatase activity under phosphorus fertilization in long-term paddy wetland agroecosystems. Soil Science Society of America Journal, 76(1): 161-167.

Wu L, Tan C, Liu L, et al. 2012. Cadmium bioavailability in surface soils receiving long-term applications of inorganic fertilizers and pig manure. Geoderma, 173-174: 224-230.

Wu T Y, Schoenau J J, Li F M, et al. 2005. Influence of fertilization and organic amendments on organic-carbon fractions in Heilu soil on the loess plateau of China. Journal of Plant Nutrition and Soil Science, 168: 100-107.

Yadav R L, Dwivedi B S, Pandey P S. 2000. Rice-wheat cropping system: Assessment of sustainability under green manuring and chemical fertilizer inputs. Field Crops Research, 65(1): 15-30.

Yadav R L, Dwivedi B S, Prasad K, et al. 2000. Yield trends and changes in soil organic-C and available NPK in a long-term rice-wheat system under integrated use of manures and fertilizers. Field Crops Research, 68(3): 219-246.

Yang W J, Cheng H G, Hao F H, et al. 2012. The influence of land-use change on the forms of phosphorus in soil profiles from the Sanjiang Plain of China. Geoderma, 189-190: 207-214.

Yin L C, Cai Z C, Zhong W H. 2005. Changes in weed composition of winter wheat crops due to long-term fertilization. Agriculture, Ecosystems and Environment, (107): 181-186.

Yin L C, Cai Z C, Zhong W H. 2006. Changes in weed community diversity of maize crops due to long-term fertilization. Crop Protection, (25): 910-914.

Zhang H C, Cao Z H, Shen Q R, et al. 2003. Effect of phosphate fertilizer application on phosphorus (P) losses from paddy soils in Taihu Lake Region I. Effect of phosphate fertilizer rate on P losses from paddy soil. Chemosphere, 50: 695-701.

Zhang W J, Feng J X, Parker J W K. 2004. Differences in soil microbial biomass and activity for six agroecosystems with a management disturbance gradient. Pedosphere, 14(4): 441-447.